KB060583

알기 쉬운
신재생에너지
New Renewable Energy

알기 쉬운
신재생에너지
New Renewable Energy

이충훈 저

 북스힐

머리말

우리 주변 질량을 갖는 모든 물체는 에너지를 가지고 있습니다. 지구상 모든 생물이 살아가기 위해 에너지가 필요하며 자동차, 비행기, 기차 등 이동가능한 모든 것들은 에너지 없이 이동이 불가능합니다. 에너지는 우리 삶에 가장 중요한 요소로 자리 잡고 있으며, 21세기를 지탱하는 궁극적 기반이 될 것입니다.

이러한 에너지를 우리는 어떻게 얻을 수 있을까요? 우리는 에너지라고 하면 흔히 전기에너지를 떠올립니다. 전기에너지는 에너지의 여러 형태 중 한 부분으로 우리 생활에 가장 익숙하게 존재하고 있기 때문입니다. 이런 전기에너지를 얻기 위해서 화력발전소, 원자력발전소, 수력발전소 등을 필요로 합니다. 석유 및 석탄의 에너지, 물의 위치에너지, 바람의 운동에너지 등의 다양한 형태의 에너지들이 전기에너지로 형태가 바뀌는 원리를 이용한 것입니다. 에너지를 만들어 내는 것이 아니라 에너지의 형태를 변환하는 것입니다.

에너지를 얻기 위해 가장 많이 사용되는 화석(석탄, 석유, 천연가스 등)에너지의 경우 전기에너지로 변환하는 과정에서 발생하는 일산화탄소, 질소 화합물 등으로 인해 대기오염, 산성비, 수질 및 토양오염, 지구온난화 등 심각한 환경오염을 일으킵니다. 또한 화석에너지는 재사용이 불가능하여 자원 고갈에 따른 오일 쇼크현상이 발생해 경제가 뒤흔들리는 타격을 입게 됩니다. 이러한 화석에너지의 단점을 극복하기 위해 우리는 신·재생에너지의 연구가 끊임없이 필요한 실정입니다.

신·재생에너지는 태양열, 태양광 발전, 풍력, 수력, 해양, 지열, 바이오, 폐기물 등 8개의 재생에너지와 연료전지, 수소, 석탄 액화 및 가스화 등 3개의 신에너지로 나눌 수 있습니다. 이 에너지들의 4가지 주요 특징은 친환경 청정에너지이며, 비 고갈성, 연구 개발로 확보 가능, 미래

공공 에너지이란 겁니다. 최근 석유 수급 불균형으로 불거진 고유가 시대에 대한 위기감과 범지구적 환경 규제로 인해 화석 연료 사용에 대한 추가 비용까지 겹쳐지면서 전 세계적으로 재생에너지원을 이용한 신·재생에너지에 대한 관심과 투자가 급격히 증가하고 있습니다. 현재 선진국에서 활발히 기술개발이 진행되어 실용화 단계에 접어든 신·재생에너지로는 태양에너지, 풍력에너지가 주종을 이루며, 태양광, 풍력 등의 신·재생에너지 산업은 세계적으로 연평균 20~30 % 급신장하여 IT, BT 산업 등과 함께 21C 새로운 첨단 산업으로 급부상하고 있는 추세입니다.

현재 신·재생에너지의 단점인 낮은 경제성과 안정성 부족 문제를 해결하기 위해 끊임없는 연구·개발을 통해 새로운 기술을 개발하여 적용하고, 원활한 신·재생에너지 보급이 이루어질 수 있도록 국가 차원에서의 지원이 필요합니다.

이 책은 비전문가를 대상으로 전문적인 단어를 최소화하고 쉽고 다양한 내용을 기술하여 신·재생에너지의 기술에 대해 설명하다 보니 다소 미흡한 내용이 있을 수 있습니다. 옳지 않은 내용이나 더욱 설명이 필요한 내용이 있다면 따끔한 조언 부탁드립니다. 이 책이 독자 여러분에게 조금이나마 신재생에너지에 대해 이해를 돕고, 관심을 갖게 되는 기회가 되기를 바랍니다.

아울러 본 책자 발간은 2013년도 산업통상자원부의 재원으로 한국에너지기술평가원(KETEP)의 지원을 받은 인력양성사업의 결과물(No. 20134030200250)이기도 합니다. 마지막으로 이 자리를 통해 이 책 발간을 위해 고생하신 원광대학교 반도체디스플레이 학과 대학원생과 출판업무와 원고 검토를 도와주신 모든 분들께 감사의 인사를 드립니다.

차 례

01

에너지란 무엇인가?

1. 에너지의 정의

지구상의 모든 살아있는 생물은 에너지 없이 활동할 수 없다. 또한 자동차, 비행기, 기차 등 움직일 수 있는 모든 기계와 사물들 역시 에너지 없이 움직일 수가 없다. 에너지란 일을 할 수 있는 능력과 물리적 일로 바뀌는 모든 양으로 물체를 움직이게 하고 열을 내게 하는 등 어떤 변화를 주는 능력을 말한다.

❶ 힘과 에너지
- 힘: 물체의 모양이나 운동 상태를 변화시키는 원인
- 에너지: 물체가 가지고 있는 물리적인 일을 할 수 있는 능력
- 일률: 힘에 의하여 일이 행해질 때, 시간에 따라 얼마나 일이 이루어지는지를 표현하는 양

일상생활에서 우리가 사용하는 여러 가지 용어 중에는 힘과 직접적인 관계가 없는 것에도 힘이라는 용어를 사용하는 경우가 많다. 예를 들어 전기력, 중력, 탄성력, 마찰력에서의 힘은 과학에서 정의하는 힘을 의미하지만, 전력, 동력, 마력 등은 일률을 의미한다. 핵력, 원자력 등에서의 힘은 에너지를 말한다.

❷ 에너지의 단위

에너지 단위로 보통 일의 단위인 J(줄)를 사용하지만, 분야에 따라 특별한 에너지 단위를 사용하기도 한다. 열에너지를 나타낼 때는 cal(칼로리)을 주로 사용하는데, 이때 1cal은 약 4.2J에 해당한다. 소립자 물리학이나 원자 물리학에서 입자의 에너지 상태를 나타낼 경우 eV(전자볼트)라는 단위를 사용하기도 한다. 또 전력에 사용한 시간을 곱한 Wh(와트시)는 사용한 에너지양을 나타내는 단위로 1Wh=3600J에 해당한다.

❸ 에너지의 분류

(1) 생산 방식에 따른 분류

에너지원은 우리가 이용하는 에너지를 얻을 수 있는 원천을 말하며, 자연계에 널리 퍼져 존재한다. 자연계에 존재하는 에너지원은 태양열·풍력·수력 등과 같이 영구적으로 계속 사용할 수 있는 것과 석탄·석유·우라늄 등과 같이 사용할수록 고갈되는 것이 있다. 에너지원을 경제학적인 관점에서 구분하면, 1차 에너지와 2차 에너지로 나눌 수 있다.

1차 에너지란 자연으로부터 얻을 수 있는 에너지로서 최초의 에너지를 의미하며, 석탄·석유·천연 가스와 같은 화석 에너지와 태양열·지열·조력·파력·풍력·수력과 같은 자연에너지가 있다.

2차 에너지란 1차 에너지를 변형 또는 가공하여 우리 생활이나 산업 분야에서 다루기 쉽고, 사용하기 편리한 에너지로 만든 것으로 전기·도시 가스·코크스·석유 제품 등이 있다.

우리가 일상생활에서 사용하는 2차 에너지를 얻기까지 상당량의 에너지 손실이 따르게 된다. 예를 들어 1차 에너지인 석탄·석유 등을 연소시켜 수증기를 만들고, 터빈을 돌려 2차 에너지인 전기를 얻는 화력발전의 경우 약 60 %의 열손실이 따르게 된다. 이론적으로 에너지

[표 1-1] 에너지 단위별 변환 에너지양

Units	J	Cal	Btu	kW hr	hp hr	ft-lb(wt)
1J	1	0.2388853	9.479735×10^{-4}	03280840	3.725676×10^{-7}	0.7376839
1cal	4.186109	1	3.968321×10^{-3}	1.163000×10^{-6}	1.559609×10^{-6}	3.088025
1Btu	1054.882	251.9958^A	1	2.930711×10^{-4}	3.930148×10^{-4}	778.1693
1kW hr	3599406	859845.2	3412.142	1	1.341022	2655224
1hp hr	2684077	641168.5	2544.33	0.7456998	1	1980000^A
1ft-li(wt)	1.355594	0.3238315	1.285067×10^{-3}	3.766161×10^{-7}	$5.050505... \times 10^{-7}$	1

| 태양 | 바람 | 석유 |
| 석탄 | 가스 | 우라늄 |

[그림 1-1] 에너지의 다양한 종류

원은 무한하다고 할 수 있는데, 인류가 실제로 사용할 수 있는 에너지원은 그 시대의 사회·경제·기술적 조건에 따라 결정된다. 따라서 에너지원의 종류와 범위는 역사와 더불어 변천·발전해 왔고, 이후에도 인류 생활의 진보와 함께 발전해 나갈 것이다. 에너지는 생산력의 발전 단계를 결정하는 중요한 요소의 하나이므로 에너지원의 새로운 발견·개발·이용은 산업의 발전과 밀접한 관계를 가지며, 우리 생활에도 큰 영향을 끼친다.

가. 태양에너지

태양으로부터 전자기파의 형태로 방출되는 에너지이다. 태양으로부터 방출하는 에너지는 엄청 많지만 지구에 오는 것은 약 20억분의 1에 지나지 않는다. 그중에서 70 %정도만이 흡수되는데 전 세계 연간 에너지 소비량은 이 에너지의 1시간 정도에 양에 불과하다. 태양은 거대한 핵융합로와 같다. 태양에너지는 태양열과 태양광을 활용하는 방법이 있다.

나. 바람에너지

풍력은 바람으로부터 얻는 에너지다. 아주 오래 전부터 인류는 항해를 하거나 풍차를 돌리고 물을 퍼 올리는 등의 일에 풍력을 이용해 왔다. 최근에는 전기를 생산하는 데 풍력을 이용하기 시작했다. 대한민국에도 제주도와 대관령 등 바람이 많이 부는 지역에 풍력발전기를 설치하고 있다. 풍력발전이란 자연의 바람을 이용하여 바람개비를 돌리고, 이것으로 발전하여 에너지를 저장·활용하는 발전 방식을 말한다.

다. 석유에너지

땅속에서 자연적으로 생산되는 액체 탄화수소를 정제한 것이다. 정제하지 않은 자연 상태의 탄화수소를 원유(原油)라고 한다. 석유가 인류에서 중요성을 갖게 된 것은 19세기 후반때에 일이다. 석유 수요는 처음에는 주로 등화용이었으나 경제발전과 기술이 진보됨에 따라용도가 다양해지고 중요성도 커져 갔다. 1879년 미국의 발명가 T. 에디슨이 발명한 백열전등의 출현은 등화용으로서의 석유를 밀어냈다. 그 무렵부터 각종 내연기관, 특히 석유를 연료로 하는 내연기관이 잇달아 발명되어 석유 소비의 증가를 가져왔다.

라. 석탄에너지

지질시대의 육생식물이나 수생식물이 수중에 퇴적 후 가열과 가압 작용을 받아 변질되어 생성된 흑갈색의 가연성 암석이다. 석탄은 탄소분이 60 %인 이탄, 70 %인 아탄 및 갈탄, 80~90 %인 역청탄, 95 %인 무연탄으로 나뉜다.

마. 가스에너지

기체 물질을 통틀어 이르는 말로, 연료에서는 석유를 증기 분류하여 얻은 가스나 폐기물등을 재활용하여 만들어진 가스 등을 연료로 사용하고 있다.

바. 원자력에너지

우라늄을 주요 재료로 하는 핵연료이다. 크게 금속우라늄, 우라늄화합물의 세라믹스, 우라늄화합물의 수용액, 우라늄합금을 녹인 액체금속연료, 연성금속 위에 우라늄화합물을 분산시킨 분산형 연료 등의 6가지 종류로 나눌 수 있다.

(2) 형태에 따른 분류

에너지는 기계에너지·열에너지·전기에너지·화학에너지 등 여러 가지 형태로 존재하는데, 이것들은 본질적으로 같은 것이라 할 수 있으며 서로 변환시킬 수 있다. 즉, 석탄이나 석유가 지닌 화학적 에너지는 보일러에 의해 열에너지로, 열에너지는 터빈을 이용하여 기계에너지로 변환시킬 수 있고, 이 기계적 에너지는 다시 발전기를 이용하여 전기에너지로 변환시킬 수 있다. 현재 에너지를 다른 형태의 에너지로 변환시키거나 수송하는 측면에서 전

| 운동에너지 | 위치에너지 | 열에너지 |
| 전기에너지 | 빛에너지 | 화학에너지 |

[그림 1-2] 에너지의 다양한 형태

기에너지가 가장 큰 장점을 가지고 있기 때문에 여러 가지 형태의 에너지를 주로 전기에너지로 변환시켜 사용하고 있다.

가. 기계에너지

기계에너지는 스프링과 같이 기계요소에 잠재되어 있는 위치에너지와 내려치는 망치, 달리는 자동차, 돌아가는 모터의 축 등과 같이 기계요소가 가지고 있는 운동에너지 등의 역학적 에너지를 말한다.

나. 전기에너지

어떤 물체의 자유 전자가 남거나 부족함으로 인해 전기를 띠게 되는 것을 대전이라 하며, 이때 얻은 전기량을 전하라고 한다. 이러한 전하를 가진 물체의 에너지를 전기에너지라 한다. 전기에너지는 자연계에서 그대로 존재하는 것이 아니라 다른 에너지로부터 변환하여 얻은 2차 에너지로서, 전선을 통해 비교적 쉽게 이동시킬 수 있으며 전동기를 이용해 효율적으로 기계적 에너지로 변환시킬 수 있다. 전기에너지는 모든 산업 분야에 걸쳐 널리 사용되고 있으며, 앞으로도 중요성이 더욱 증가할 전망이다.

다. 화학에너지

물질 내부에 존재하는 에너지가 화학적 반응에 의하여 열에너지나 전기에너지의 형태로 외부로 방출되어 일을 할 수 있는 에너지로 변환될 때, 그 물질 내부에 존재하는 에너지를 화학에너지라 한다. 석탄·석유·천연 가스 등의 연료는 주성분이 탄소 또는 수소와 같은 가연성 원소로 되어 있는데, 이 연료를 연소시키면 산화·환원 등의 화학 반응을 일으키면서 연소하여 열을 발생시킨다. 또한, 축전지는 전기에너지를 내부에 화학에너지로 바꾸어 저장했다가 필요에 따라 다시 전기에너지로 바꾸어 공급한다.

라. 열에너지

일반적으로 물질이 연소하면 열이 발생한다. 이 열은 그대로 일을 할 수는 없으나 물 또는 가스에 전달시켜 고온·고압의 증기나 연소 가스로 만들면 일을 할 수 있게 된다. 이 열에너지를 이용하여 동력을 발생시키는 장치를 열 원동기라 한다. 오늘날 우리가 이용하는 열에너지는 거의 석탄, 석유·천연가스 등의 화석 연료를 연소시켜 얻고 있으며, 원자력발전소에서는 우라늄·플루토늄과 같은 핵연료의 핵 반응을 통해서 열에너지를 얻는다.

마. 빛에너지

태양에서 복사되는 빛에너지는 지구상의 모든 생명체의 근원이 되며, 녹색 식물은 빛에너지를 이용하여 물과 이산화탄소로부터 화학 반응을 거쳐 유기물을 합성하게 된다. 녹색 식물은 태양이 지구 표면에 의 비율로 보낸 복사에너지를 화학에너지로 전환하여 유기물로 축적하는 광합성을 하게 된다. 태양의 빛에너지를 통해 태양 전지로부터 전기를 얻기도 한다.

바. 원자력에너지

원자력에너지란 원자핵의 붕괴와 변환, 핵반응 등으로 인해 방출되는 에너지로서, 핵에너지 또는 원자력에너지라고도 하며 핵융합에너지와 핵분열에너지로 나눌 수 있다. 원자력에너지를 같은 무게의 화학에너지와 비교하면, 석탄의 300만 배, 석유의 200만 배의 열에너지를 발생시킨다.

화석 연료가 만들어지는 과정

공룡 시대

화산 폭발과 함께 동물,
식물이 땅 속에 묻힘

석탄, 석유,
천연 가스 채취

석탄, 석유,
천연 가스 생성

동물, 식물 등
생물체 부식

[그림 1-3] 화석 연료가 만들어지는 과정

2. 기존 에너지원과 신재생에너지

❶ 기존 에너지원(화석에너지)

땅속에 파묻힌 동식물의 유해가 오랜 세월에 걸쳐 열과 압력을 받아 석탄이나 석유 등이
되고, 이것을 연료로 만들어진 에너지를 말한다. 현재 인류가 이용하고 있는 에너지의 대부
분이 이에 해당하며 화석에너지원에는 석탄, 석유, 원자력 등이 있다.

❷ 신재생에너지

신재생에너지란 기존의 화석연료를 전환시켜 이용하거나 햇빛, 물, 지열, 생물유기체 등
을 포함하는 재생 가능한 에너지를 전환시켜 이용하는 에너지이고, 지속 가능한 에너지 공
급체계를 위한 미래에너지원을 그 특성으로 한다. 신재생에너지는 유가의 불안정과 기후변
화협약의 규제 대응 등으로 그 중요성이 커지게 되었다. 한국에서는 8개 분야의 재생에너지
(태양열, 태양광발전, 바이오매스, 풍력, 소수력, 지열, 해양에너지, 폐기물에너지)와 3개 분

야의 신에너지(연료전지, 석탄액화가스화, 수소에너지), 총 11개 분야를 신재생에너지로 지정하고 있다.

현재 신재생에너지에 대해 국제적으로 통일된 정의가 없고, 이와 관련된 통계 기준 또한 없다. 국제에너지기구(IEA)의 경우 우리나라와 달리 수소에너지·연료전지 등의 신에너지와 재생이 불가능한 폐기물은 재생에너지로 인정하지 않고 있으며, 수력·지열·태양광·태양열·해양에너지·풍력·고체바이오·바이오연료·바이오가스·재생가능 도시폐기물·산업폐기물·비재생 도시폐기물을 조사 대상 에너지원으로 정하고 있다.

3. 서로 바뀌는 에너지 형태

에너지는 현재의 상태에서 다른 에너지의 형태로 바뀔 수 있다. 우리는 흔히 "에너지(배터리)를 다 썼다, 다 떨어졌다."라고 말을 한다. 하지만 에너지를 사용하여 없어진 것이 아니라 다른 형태로 바뀌는 것이다. 예를 들면 건물 안에서 사용하는 전기용품들은 건물로 공급된 전기에너지를 소멸하게 만드는 것이 아니라, 전기에너지를 다른 형태의 에너지로 바꾸어 사용하는 것이다.

TV에서는 전기에너지가 빛에너지와 소리에너지 그리고 열에너지로 바뀐다. 또 전기에너지는 전열기에서는 열에너지, 조명에서는 빛에너지, 오디오에서는 소리에너지로 바뀐다. 전기에너지 자체도 위치에너지와 운동에너지 그리고 연료들이 연소되거나 천연에너지 등이 변화되어 만들어진 것이다. 이처럼 에너지는 서로 다른 형태로 전환될 수 있는데, 전환되는

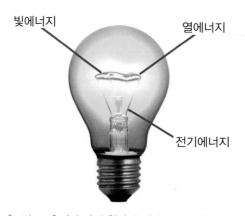

빛에너지   열에너지

전기에너지

[그림 1-4] 여러 가지 형태의 에너지로 바뀌는 전구

과정에서 에너지가 감소하거나 없어지는 것이 아니다. 에너지가 감소하면 그만큼 다른 종류의 에너지로 변환하여 방출하게 되는 것이다. PC를 켜서 전기에너지를 사용하면, 그 전기에너지의 양만큼 빛에너지, 소리에너지, 열에너지 등이 생기게 된다. 이처럼 에너지가 서로 다른 에너지로 전환이 되더라도, 총 에너지양이 항상 일정하게 유지되는 것을 에너지 보존 법칙이라고 한다.

- 열역학 제1법칙(에너지 보존 법칙): 에너지는 한 형태에서 다른 형태로 변하지만 에너지의 총량은 항상 일정하게 보존된다.
- 열역학 제2법칙(엔트로피 증가 법칙): 에너지 전환에서 열은 저온부에서 고온부로 흐르지 않기 때문에 원래 상태로 되돌아올 수 없다는 법칙으로 에너지가 흐르는 방향을 설명한다.

에너지의 총량이 항상 일정하다는 것은 우리가 에너지를 소모하여도, 그 에너지가 사라지지 않고 다른 에너지의 형태로 존재한다는 것을 의미한다. 반면 우리 사회는 에너지 부족 문제를 겪고 있다. 그 이유는 어떠한 형태의 에너지가 다른 형태의 에너지로 전환이 될 때 그 방향에 제약이 있기 때문이다. 예를 들면 운동에너지나 전기에너지는 모두 열에너지로 바뀔

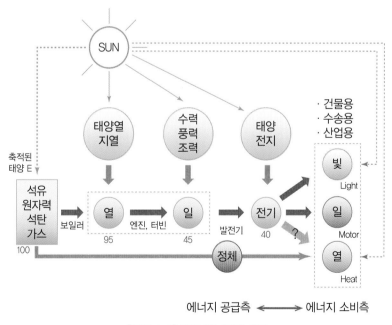

[그림 1-5] 지구 에너지의 흐름

수 있다. 그러나 열에너지는 그것의 일부만이 역학적 에너지(위치에너지+운동에너지)나 전기에너지로 바뀔 수 있다. 열에너지 전체를 다른 형태의 에너지로 완전히 전환하는 것은 불가능하다. 따라서 현실에 존재하는 에너지의 합은 일정하지만, 우리에게 필요한 에너지는 부족한 현상이 나타나게 된다. 한편 에너지가 전환되는 과정에서 생긴 열에너지는 공기나 물의 열오염을 일으키게 된다.

4. 우리 사회와 에너지

현재 우리나라의 에너지 소비는 화석 연료와 원자력에 과도하게 의존함으로써 에너지 수입 비중이 높아 경제적으로도 지탱하기 힘들 뿐 아니라. 환경적으로도 대기 오염과 방사능 누출에 따른 오염 등 다양한 문제를 일으키고 있다.

❶ 에너지 소비량의 증가

우리나라는 1960년대 이후 산업화에 따라 농업사회에서 산업사회로 변화하면서 에너지 소비가 급격하게 증가했다. 1960년대에는 나무, 짚과 같은 땔감과 석탄을 주요 에너지원으로 사용하였으나, 1970년대에 접어들어 중화학 공업이 발전하면서 석유 소비가 급격히 증가하였다. 1980년대 이후에는 소득 수준이 높아짐에 따라 편리하고 깨끗한 전기나 가스 같은 고급 에너지의 소비가 꾸준히 증가하고 있다.

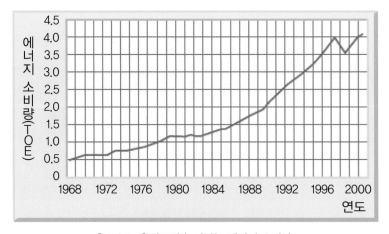

[그림 1-6] 연도별 늘어나는 에너지 소비량

우리나라의 에너지 소비는 특히 1990년대부터 경제 성장보다 더 큰 폭으로 에너지 소비가 증가하고 있다. 1인당 에너지 소비도 급격히 증가하여 2000년에는 1980년보다 세 배 이상 증가하였다. 우리나라 국민 한 사람은 우리보다 국민 소득이 세 배 가까이 많은 일본이나 유럽의 국민 한 사람이 쓰는 에너지와 비슷한 양의 에너지를 소비한다. 우리나라의 경제 활동 부문을 산업, 수송, 상업, 가정 부문으로 나누었을 때, 가장 많이 에너지를 사용하는 곳은 산업부문이다. 산업 부문에서 사용하는 에너지는 약 55 %로서 전체 에너지의 절반 이상을 소비하고 있다.

❷ 우리나라 에너지 자원

우리나라는 석탄을 제외하고는 매장되어 있는 부존 에너지 자원이 빈약하다. 석탄의 경우도 발열량이 낮은 무연탄이 생산될 뿐, 질 좋은 유연탄은 매장되어 있지 않다. 최근 근해에서 천연가스가 매장된 곳이 발견되었지만, 정확한 매장량 등은 아직 밝혀지지 않고 있다. 우리나라는 부존 에너지 자원이 적은 반면, 에너지 소비는 계속 늘어나고 있기 때문에 거의 대부분의 에너지 자원을 수입하고 있다. 에너지 자원을 수입하는 데 드는 돈은 총 수입액의 1/5을 차지할 정도로 많은데, 특히 에너지 수입액의 절반 이상이 석유 수입에 쓰이고 있다. 2000년 현재 우리나라의 석유 소비 규모는 세계 6위이며, 석유 수입 규모는 세계 4위로, 소

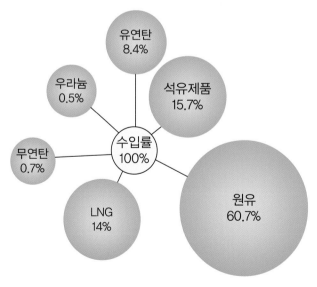

2008년 에너지별 수입률

[그림 1-7] **국내 에너지 수입 의존도**

비 면이나 수입 면에서 석유는 국민 경제에 막대한 영향을 끼치고 있다. 이렇게 에너지 자원을 수입에 의존하기 때문에 우리 경제는 국제 유가나 환율 변동에 아주 취약한 실정이다. 1970년대에 있었던 두 차례의 석유 파동이나 1997년의 금융 위기 사태로 인한 에너지 수급의 심각한 타격 등이 그 예라고 할 수 있다.

❸ 우리나라 에너지 소비

우리나라의 에너지 소비율이 높은 이유는 에너지를 많이 소비하면서 생산품을 만들어내는 중화학 공업 위주의 산업 구조에서 찾을 수 있다. 또한 1980년대 이래 자동차가 많이 보급되고 가정이나 상업 부문에서도 소득 수준이 증가함에 따라 각종 전기 제품의 사용이 지속적으로 늘어난 것도 에너지 소비가 늘어나는 원인이 되고 있다.

현재의 에너지 소비 행태는 경제적으로나 환경적으로 많은 문제를 일으키고 있다. 부존 에너지 자원이 적은 우리나라에서 에너지의 해외 의존은 경제에 큰 부담이 된다. 그리고 화석 연료와 원자력에 전적으로 의존하기 때문에 대기 오염을 비롯한 환경 문제가 발생하고 있으며, 원자력발전소나 핵폐기물 처리장의 건설부지 선정과 관련해서 해당 지역 주민의 반발이 커서 사회적 갈등도 유발되고 있다.

01 일의 단위인 1J은 몇 cal인가?

02 1차 에너지와 2차 에너지 종류에는 무엇이 있는가?

03 전구에 불이 들어올 때 전기에너지는 어떠한 형태의 에너지로 바뀌는가?

04 에너지의 총량은 항상 일정하게 보존된다는 법칙은 무엇인가?

05 지구상 모든 생명체의 근원이며 녹색식물이 화학반응을 할 수 있도록 돕는 에너지는 무엇인가?

06 모든 산업 분야에 가장 널리 사용되는 에너지로 비교적 쉽게 이동하거나 저장할 수 있는 에너지는 무엇인가?

07 땅속에서 자연적으로 생성되는 액체 탄화수소를 정제한 에너지는 무엇인가?

08 석탄, 석유, 원자력 등 오랜 세월 열과 압력을 받아 연료로 만들어진 에너지를 무엇이라고 하는가?

02

화석에너지란 무엇인가?

1. 화석에너지

❶ 화석에너지 정의

우리가 사용하는 여러 가지 에너지 가운데 한가지로, 오래전 지구상에 살던 식물이나 동물의 유해에서 만들어진 에너지이다. 생물의 유해가 퇴적물과 땅속에 묻힌 후 수백만 년에서 수억 년 동안 열과 압력을 받으면 화학적으로 변화가 일어난다. 유기체는 석탄, 석유, 천연 가스 등의 형태로 바뀌는데, 이러한 에너지 연료들은 생물의 화석에서 만들어졌기 때문에 화석 연료라고 부르고, 이로 생성한 에너지를 화석에너지라고 한다.

> **📋 재생 불가능한 자원**
>
> 사용할수록 사라져서 다시 이용할 수 없는 자원을 재생 불가능한 자원이라고 한다. 특히 지하에서 얻어지는 광물이나 화석연료 같은 자원은 짧은 시간동안 생성되는 것이 아니라 매우 오랜 시간에 걸쳐 만들어지기 때문에 고갈되면 복구할 수 있는 방법이 없다. 계속 지나치게 화석 연료에 의존한다면, 화석 연료 고갈 시 사회적 기반이 무너지는 큰 피해도 입을 수 있다. 따라서 대체 에너지가 반드시 필요하다.

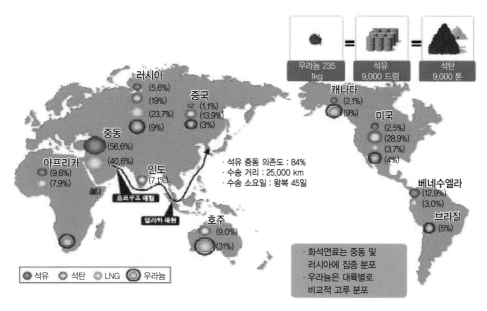

[그림 2-1] **세계 화석에너지 자원 분포**

❷ 화석에너지 종류

(1) 석탄

석탄은 식물이 땅속에 묻힌 상태에서 오랜 세월동안 열과 압력을 받아 생성된다. 식물의 구성 요소인 탄소, 수소, 산소는 압력에 의해 치밀하게 밀집한다. 수소와 산소 그리고 탄소의 일부는 물과 휘발성 기체로 변하여 빠져나가게 되고, 남아있는 탄소가 석탄으로 만들어진다. 석탄의 분포는 몇몇 국가에 편중되어 있지 않고 전 세계에 고루 분포하며, 다른 화석 연료에 비해 매장량도 풍부하다. 매장량은 미국(28 %), 러시아(19 %), 중국(14 %)순으로 되어 있지만 매장량 보다는 얼마나 질 좋은 석탄이 묻혀 있는지가 더 중요하다.

석탄의 종류에는 여러 가지가 있다. 우리나라에서 소비되는 종류에는 무연탄과 유연탄이 있다. 무연탄은 90 % 이상 연탄으로 가공되어 사용되고, 유연탄의 경우 무연탄에 비해 발열량 높아서 화력발전과 산업용 연료로 사용하지만 매장량이 없어 수입해서 사용한다. 우리나라는 강원도, 경상북도 등지의 여러 곳에 석탄(무연탄) 광산이 분포한다. 총 매장량은 약 15억 톤 정도로 추정되고 발열량이 낮은 무연탄이 주를 이룬다.

[표 2-1] **석탄 종류별 성질**

구 분	내 용
이탄 [泥炭, peat]	수목질의 유체가 분지에 두껍게 퇴적하여 물의 존재하에서 균류등의 생물화학적인 변화를 받아 분해 변질된것이다.
토탄 [土炭, turf]	지하에 매몰된 수목질이 오랜 세월동안 지열과 지압을 받아 생성된것과는 달리 식물질의 주 성분인 리그린, 셀롤로오스등이 지표에서 분해작용을 받은 것이다.
아탄 [亞炭, lignite]	유연탄의 일종으로 탄화도가 낮은 저품위 갈탄의 일종으로 학술적으로는 갈색갈탄이라고 한다. 발열량은 3000~4000 Kcal/kg으로 낮은 비점결탄으로 일부 지방에서는 연료로 사용된다. 다량의 수분이 건조할때에 수축하여 목질아탄(목질조직이 어느정도 보존되어 나뭇결이 눈에 보임)은 널빤지 모양으로 벗겨지고 탄질아탄(미세한석탄질과 광물질로 된 치밀함을 갖고 있음) 불규칙한 균열이 생겨서 급속히 분화한다.
갈탄 [褐炭, brown coal]	유연탄의 일종으로 석탄중에서 가장 탄화도가 낮은 석탄. 흑갈색을 띠며 발열량이 4000~6000 Kcal/kg, 휘발성분이 40 %정도이다. 갈탄은 탄소성분이 70 %로 낮기 때문에 원목의 형상. 나이테, 줄기 등의 조직이 보이는 경우가 많다. 다른 탄에 비하여 고정탄소(수분, 휘발분 및 회분을 뺀 나머지)함량이 적고 물기에 젖기 쉽고, 건조하면 가루가 되기 쉽다. 코크스 제조용으로 사용하기는 어렵고 대부분 가정연료나 기타 연료로 사용된다. 우리나라에서는 두만강 연안과 길주, 명천 지구대의 제3기층에 주로 분포되어 있다.
역청탄 [bituminous coal]	유연탄의 일종으로 흑색 또는 암흑색으로 유리광택 또는 수지광택이 있는 석탄으로 흑탄이라고도 한다. 탈때에는 긴 불꽃을 내며, 특유한 악취가 나는 매연을 낸다. 탄소함유량은 80~90 %, 수소함유량은 4~6 %이며 탄화도가 상승함에 따라 수소가 감소하고 탄소가 증가한다. 발렬량은 8100 Kcal/kg이상이며 제철용 코크스, 도시가스로 이용되며 최근에는 수소의 첨가, 가스화등의 연구가 발달하여 석탄화학공업의 가장 중요한 자원이다. 건류때에는 역청 비슷한 물질이 생기므로 이름이 붙었다.
무연탄 [無煙炭, anthracite]	탄화가 가장 잘되어 연기를 내지 않고 연소하는 석탄을 말한다. 휘발분이 3~7 %로 적고 고정탄소의 함량이 85~95 %로 높으므로 연소시 불꽃이 짧고 연기가 나지 않는다. 점화점이 490℃이므로 불이 잘 붙지않지만 화력이 강하고 일정한 온도를 유지하면서 연소된다. 주로 고생대의 오랜 지층에서 산출되며 간혹 신생대 석탄으로도 지각변동의 동력작용이나 화산암의 열작용으로 무연탄화되는 경우도 있다.

　　석탄은 석유와 비교하여 발열량이 낮고 고체형태로서 다루기가 불편하며, 불순물을 많이 포함하고 있어 주 에너지원으로 사용하기에는 부족함이 있다. 1980년 이후 경제가 성장하면서 고급 에너지의 사용 증가로 인해 현재는 석탄 생산량이 많지 않다. 석탄은 탄광에서 채굴하여 수레나 컨베이어 벨트로 운반한다. 큰 덩어리의 석탄을 잘게 부수어 기차, 배, 트럭 등을 통해 소비지로 운반하게 된다.

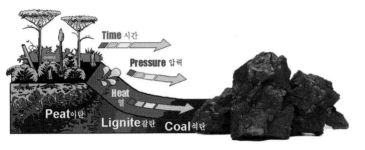

[그림 2-2] 석탄의 생성 과정

[그림 2-3] 채광된 석탄 모습

(2) 석유

석유는 화석 연료 중 가장 많이 사용되고 있다. 석유는 원유를 그대로 사용하지 않고 정제를 하여 사용한다. 정제란 원유를 증류해서 각종 석유제품을 만드는 것을 말한다. 원유는 정제과정을 거치면서 LPG, 휘발유, 등유, 경유 등의 다양한 석유 제품으로 만들어 진다. 원유는 해저에 가라앉은 유기물의 부패로 100만 년 이상의 오랜 시간동안 만들어진 이후에 형성된 암반에 퇴적물로 매장되었던 것이다. 그러나 석유는 석탄과는 다르게 세계적으로 특정지역에 몰려있는데, 특히 중동 지역에 많이 몰려 있다.

석유는 초기에 조명용과 윤활용으로 사용되었다. 이후에 석탄은 고체이지만, 이와 달리석유는 석탄에 비해 액체이기 때문에 취급하기가 더 쉽고 열효율이 높으며, 또한 오염 물질도 크게 발생하지 않는다는 장점들 때문에 사용이 증대하였다. 미국에서도 1921년에는 증기기관차의 연료 90 %가 석탄이었으나 점차 석유가 보일러, 공장, 기관차, 기선의 연료로 사용되었으며, 경질유는 자동차, 항공기, 석유화학공업에 사용되게 되었다.

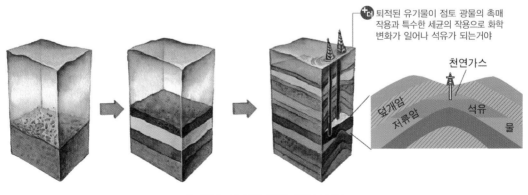

[그림 2-4] 석유 생성 과정 모식도

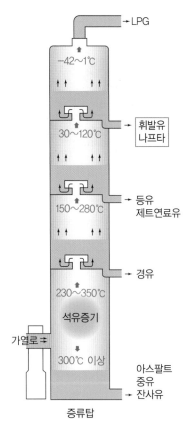

LPG

−42~1℃

휘발유
나프타

30~120℃

등유
제트연료유

150~280℃

경유

230~350℃

석유증기

가열로

300℃ 이상

아스팔트
중유
잔사유

증류탑

[그림 2-5] **석유 증류온도에 따른 사용**

📰 **원유**

땅속에서 나오는 기름을 원유라고 한다. 원유를 정제한 것을 '석유 제품'이라고 한다. 원유는 생산지에 따라 이름이 달라진다. 대표적으로 두바이 유, 브렌트 유, WTI 유 등이 있다. 두바이 유는 중동 지방에서 생산되는 원유로, 우리나라에서는 주로 두바이 유를 수입해서 사용한다. 브렌트 유는 영국 북해에서 생산되는 원유이고, WTI(West Taxas Intermediate) 유는 미국 서부 텍사스 중질유를 말한다.

오일 쇼크(Oil shock)

유가의 폭등으로 경제가 뒤흔들리는 정도의 타격을 입는 것을 말한다. 석유 파동이라고도 말한다. 우리나라와 같이 석유가 생산되지 않는 나라에서는 오일 쇼크가 발생하면 엄청난 타격을 입는다. 원유를 전부 수입에 의존하는 우리나라의 경우 유가의 상승은 곧바로 기업들의 경쟁력 저하를 불러온다. 유가가 상승하게 되면 외국에서 수입해오는 원자재 가격이 오르게 되고, 기업의 제품 가격이 오르기 때문에 수출 시장에서 경쟁력을 잃게 된다. 특히 정유, 석유 화학, 항공 등의 업종은 유가와 직결되기 때문에 더욱 큰 타격을 입는다. 고유가가 오랜 시간 지속되면 국내 물가도 영향을 받아 인플레이션의 발생 우려도 높아진다.

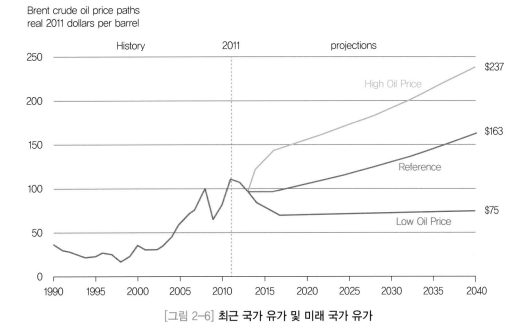

[그림 2-6] **최근 국가 유가 및 미래 국가 유가**

(3) 천연가스

천연가스는 화석연료가 매몰되어 있는 땅에서 발생되는 자연성 가스, 곧 메탄가스, 에탄가스 등을 말한다. 자연가스라고도 한다. 이렇게 발생한 가스는 현재 도시가스, 버스, 자동차의 연료로 주로 사용되고 있으며, 울산광역시 앞바다에서 천연가스를 생산하고 있다. 넓게 보면 온천가스와 화산가스 그리고 늪가스도 여기에 속한다.

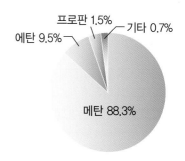

액화천연가스(LNG: Liquefied Natural Gas)는 기체 상태의 천연가스를 액체 상태로 바꾸게 되면 부피가 기체일 때에 비해 부피가 1/600로 줄어들게 된다. 이렇게 액화 시키게 되면 보관이나 수송이 용이해진다. 또한 천연가스는 일반적으로 볼 수도 없고, 냄새도 나지 않기 때문에 누출 시 알아차리기 쉽도록 파이프라인과 저장 탱크에 보내기 전에 강한 냄새가 나는 화합물을 섞는다.

천연가스(LNG)도 석유처럼 지역적으로 편중되어 분포하고 있다. 2/3 이상이 중동과 러시아 지역에 매장되어 있다. 천연가스는 가스정에서 뽑아 올려서 배관망을 통해 저장 시설로 옮겨지고 다시 기화 과정을 거쳐 배관망을 통해 필요한 곳으로 공급해서 사용한다. 천연가스는 액화 과정에서 미세먼지, 황 등의 불순물이 제거되어 연소 시 대기오염 물질이 거의 발생되지 않는다. 그러나 천연가스 또한 매장량이 한정되어 있고, 지구온난화를 촉진시키는 문제점을 안고 있다.

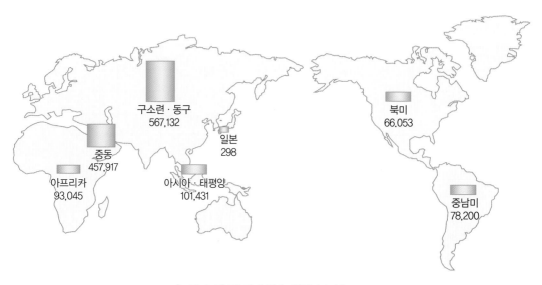

[그림 2-7] 전 세계 주요 천연가스 분포도

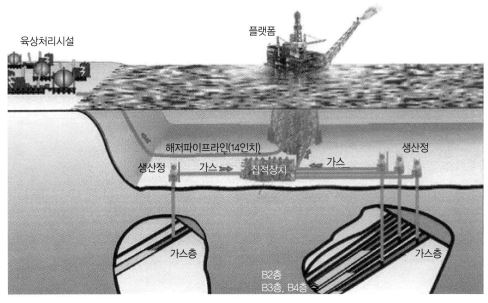

육상처리시설 플랫폼

해저파이프라인(14인치)
생산정 가스 집적장치 가스 생산정
가스층 B2층 가스층
B3층, B4층

[그림 2-8] **천연가스 저장시설**

❸ 화석에너지의 특징

(1) 환경오염

가. 대기 오염

사람이 살아가는 데 있어 공기는 반드시 필요한 요소이다. 그러나 화석 연료를 연소시키게 되면 일산화탄소, 질소 산화물, 황산화물, 탄화수소 등의 오염 물질이 발생하게 된다. 이러한 오염 물질들은 공기를 오염시키게 되고 결국 우리의 건강을 해친다. 미세 먼지를 포함한 공기 중의 먼지도 대기 오염을 발생시키고, 질소 산화물과 탄화수소의 경우 공기 중에서 햇빛과 반응하여 스모그 현상을 일으킨다.

일산화탄소의 경우 화석 연료가 완전히 연소되지 않으면 발생하는 기체로 자동차에서 주로 발생한다. 사람이 일산화탄소를 마시게 되면 두통을 일으키고 심장병이 있는 사람들에게는 추가적인 스트레스를 유발한다.

질소 산화물은 화석 연료가 연소하는 과정에서 나온다. 일산화질소는 폐를 자극하고 기관지염이나 폐렴 등의 호흡기 질환에 대한 면역을 저하시킨다. 질소 산화물은 스모그 현상을 발생시키는 데에도 관여하게 된다. 이 또한 자동차를 운행할 때나 석탄, 석유를 연소시킬 때 많이 발생한다.

스모그 현상

스모그란 연기(smoke)와 안개(fog)라는 두 용어가 합쳐져서 만들어진 말이다. 도시의 매연과 대기 속에 오염물질이 안개 모양의 기체가 된 것을 말한다. 스모그가 발생하게 되면 시야거리가 짧아져 앞이 잘 보이지 않고, 흡입 시 눈, 코, 호흡기의 자극을 유발한다. 18세기 유럽에서 산업발전과 인구증가로 인해 석탄 소비량이 늘어나면서 생기기 시작했다. 1872년 런던에서 스모그에 의해 243명이 사망한 사건이 일어났고, 1952년에 수천 명이 죽는 '런던사건'이 일어나기도 하였다.

나. 산성비

산성비란 대기 중에 방출된 황산화물, 질소 산화물 등의 화학물질이 구름 속에 있는 수증기와 결합되면서 황산과 질산으로 변하고 비나 눈에 섞여서 내리는 것을 말한다. 산도가 5.6 이하인(pH 5.6 이하) 비를 산성비라고 한다. 순수한 물을 중성 상태(pH 7.0)이고 보통 빗물은 대기 중에 있던 이산화탄소가 녹아 들어가서 산도가 5.6(pH 5.6) 정도이다.

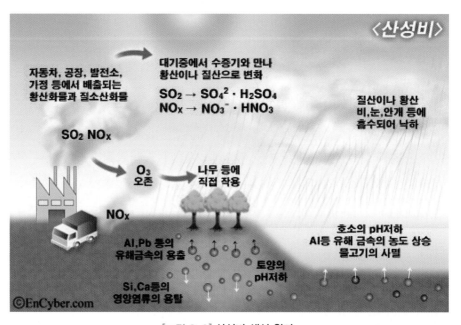

[그림 2-9] 산성비 생성 원리

[그림 2-10] 산성비에 의한 피해 사례

산성비가 발생하는 원인은 자동차 배기가스에서 나오는 질소산화물과 화석 연료가 연소 시에 발생하는 황산화물에 의해 발생한다.

산성비가 내리게 되면 물과 토양이 산성화된다. 물이 산성화되면 산성에 약한 생물의 경우 악영향을 미치고 떼죽음에 이르기도 한다. 토양이 산성화가 이루어지면 식물의 성장이 제대로 일어나지 않고, 심할 경우 말라죽는 사태도 발생한다.

또한 산성비는 금속 철재들과 콘크리트 등의 건축구조물과 교량, 조각상, 유물 등의 부식을 유발하여 경제적, 문화적인 손실을 입히고 있다.

다. 수질 오염과 토양 오염

화석 연료를 채굴, 수송하는 과정에서 수질 오염을 일으킬 수 있다. 석유를 채굴하거나 운반할 때 실수나 사고로 인해 유출이 되면 수로나 인접한 해안이 오염된다. 오염된 지역에 서식하던 동·식물이 생명을 잃고, 일정 기간 동안 그 지역은 어떤 동·식물도 살 수 없게 된다.

[그림 2-11] 원유 유출에 의한 피해

[그림 2-12] 폐광에 의한 토양오염

석탄의 채광도 수질과 토양 오염을 일으킨다. 석탄은 황철광을 포함하고 있어서, 물에 씻겨 내려가게 되면 묽은 산으로 변화되어 인근 하천을 오염시킨다. 특히 노천 탄광의 경우가 심각하게 오염시킨다. 채광이 끝나면 특별히 주의를 기울이지 않으면 그대로 버려지게 되는데, 채광 시 지표면 밖으로 나온 석탄 이외의 물질은 쓰레기나 오염 물질이 된다. 석탄은 연소된 후에도 재가 남아서 폐기물 처리 문제가 발생한다.

(2) 지구 온난화

가. 지구 온난화란?

지구온난화는 지구 표면의 기온이 상승하는 것을 말한다. 이산화탄소와 같은 대기는 태양에서부터 지구로 들어오는 태양에너지는 통과시키고, 지구에서 반사되어 나가는 지구복사에너지는 흡수하게 된다. 이때 흡수된 복사에너지는 지구로 다시 방출되기 때문에 지구의 평균기온이 15℃로 유지하게 된다. 이를 온실효과라고 한다. 온실효과는 비닐하우스를 생각해보면 쉽게 이해할 수 있다. 지구를 비닐하우스라고 생각해보면, 지구상의 대기는 비닐에 해당한다. 대기가 존재하여 온실효과가 발생하기 때문에 지구상에서 생명체가 살아갈 수 있다. 실질적으로 온실효과 그 자체는 문제가 없고, 반드시 필요하다. 하지만 온실효과가 심해져서 지구의 표면 온도가 상승하게 되면 여러 가지 문제를 일으키게 된다.

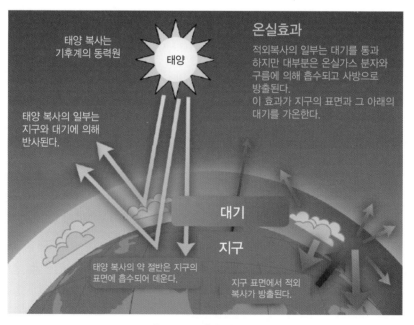

[그림 2-13] **온실효과**

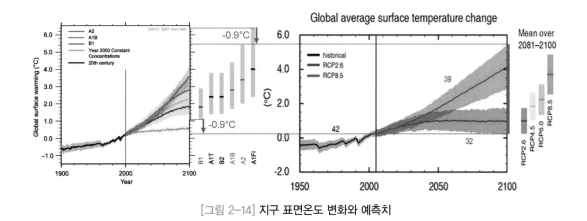

[그림 2-14] 지구 표면온도 변화와 예측치

나. 지구 온난화 원인

지구의 대기에는 대부분의 수증기와 이산화탄소 같은 온실가스들로 구성된다. 19세기 산업혁명 이후 화석연료의 사용 증가와 동시에 화석연료의 연소로 인해 발생하는 이산화탄소, 메탄, 일산화질소 등의 온실가스가 대기 중에 증가하여 지구 온난화를 촉진시키게 되었다. 또한 무분별한 개발로 인한 삼림 파괴도 대기 중의 이산화탄소를 증가시키는 원인이 되었다.

다. 지구 온난화의 영향

적설과 빙하의 범위는 감소하면서 해수면이 상승한다. 강수 유형도 변화를 일으켜 지역에 따라 폭우의 형태로 내리게 된다. 온도 상승을 살펴보면 해양보다 육지 쪽에서 더 높은 경향이 나타나고, 이러한 온도 상승은 기후시스템의 구성요소, 즉 대기권, 해양권, 빙하권, 생물권, 육지권 등에 영향을 주면서 다양한 기상이변을 유발하고 있다. 이로 인해 사막화, 물 부족, 열대성 질병 확산, 생물 종의 감소 등의 문제를 초래하여 생태계와 사회 경제적으로 영향을 끼치게 된다. 특히 해수면 상승의 경우 작은 섬이나 낮은 지역이 물에 잠기게 되어 그 지역에 살고 있는 사람들뿐만 아니라 다른 생물의 생존 그 자체를 위협하게 된다. 그 외에도 아시아와 아프리카 일부 지역에서는 가뭄의 빈도와 강도의 증가가 발생하였다. 또한 세계 일부 지역에서는 기상 이변 발생률이 상승하였고, 열대와 아열대 지역의 극심한 가뭄, 홍수를 유발하는 엘니뇨-남방진동 현상의 크기와 빈도, 지속성이 증가한 것으로 나타났다.

[그림 2-15] **빙하의 감소**

📃 온실 가스의 종류

– 이산화탄소(CO_2): 규제 가능한 가스로서 전체 온실가스 배출량 중 약 80% 이상을 차지하고 있기 때문에 6대 온실가스 중 가장 중요한 온실가스이다. 숨을 내쉴 때 나오는 이산화탄소는 나무와 석유, 석탄 같은 화석연료가 연소할 때, 탄소가 공기 중의 산소와 결합하여 생긴다.

– 메탄(CH_4): 천연가스의 주성분이며, 음식물 쓰레기가 부패할 때나 가축의 배설물에서도 발생한다. 메탄의 발생량은 이산화탄소와 비교하면 소량이지만 전체 온실효과의 15~20% 이상을 차지하는 성분이다.

– 아산화질소(N_2O): 석탄을 채광할 때 연료가 고온으로 타면서 발생한다.

– 수소불화탄소(HFCs): 불연성, 무독성 가스로 취급이 쉽고 화학적으로 안정하여 냉장고나 에어컨 등의 냉매로 사용한다.

– 과불화탄소(PFCs): 탄소와 불소의 화합물로 전자제품이나 도금산업 등에서 세정용으로 사용한다. 우리나라의 경우 반도체 제조공정에 사용되고 있다.

– 육불화황($SF6$): 전기제품이나 변압기 등의 절연체로 사용한다.

[표 2-2] 6대 온실가스 지구온난화 지수와 배출량

온실가스	지구온난화 지수	주요 발생원	배출량
이산화탄소	1	에너지 사용, 산림, 벌채	77 %
메탄	21	화석연료, 폐기물, 농업 축산	14 %
아산화질소	310	산업공정, 비료 사용, 소각	8 %
수소불화탄소	140~11,700	에어컨 냉매, 스프레이 분사제	1 %
과불화탄소	6,500~9,500	반도체 세정용	
육불화황	23,900	전기 절연용	

교토의정서에서 정의한 온실가스의 지구온난화 지수 및 주요발생 원인을 정리한 표. 전체배출량 중 이산화탄소가 차지하는 비중이 80 %에 이르는 것을 볼 수 있다.

라. 지구온난화를 막기 위한 노력

① 기후변화협약

1988년 UN총회 결의에 따라 세계기상기구(WMO)와 유엔환경계획(UNEP)에서 기후변화협약에 관한 정부 간 패널이 설치되었다. 1992년 브라질 리우 지구환경선언에 따라 지구온난화와 기후변화의 원인이 에너지 과소비로 인한 대기 중 이산화탄소 농도 증가라고 규정하고, 대응방안을 수립하기 위해 기후변화협약을 체결했다. 우리나라는 1993년 12월에 47번째로 가입하였다. 기후변화협약의 목적은 인류 활동에 의해 발생되는 온실가스가 기후시스

[표 2-3] 기후변화협약(UNFCCC)

전문		내용
목적(2조)		지구온난화를 방지할 수 있는 수준으로 온실가스의 농도 안정화
원칙(3조)		형평성 : 공동의 차별화된 책임, 국가별 특수사정 고려 효율성 : 예방의 원칙, 정책 및 조치, 대상온실가스의 포괄성, 공동이행 경제발전 : 지속가능한 개발의 촉진, 개방적 국제경제체제 촉진
의무 사항	공통의무사항	온실가스 배출통제 작성발표 정책 및 조치의 이행(4조1항), 연구 및 체계적 관측(5조), 교육훈련 및 공공인식(6조), 정보교환 특정의무사항
	특정의무사항	배출원 흡수원에 관한 특정의무사항 : 1990년 수준으로 온실가스 배출 안정화에 노력(4조 2항) 재정지원 및 기술이전에 관한 특정공약(4조 3항~5항)
기구 및 제도	기구	개도국의 특수상황 고려(4조 8항~10항) 당사국총회(7조)/사무국(8조)/과학기술자문 부속기구(9조)/ 이행자문기구(10조)/재정기구(11조)
	제도	서약 및 검토(Pledge and Review)제도(12조) : 국가보고서 제출 및 당사국 총회 검토 이행과 관련된 의문점 해소를 위한 다자간 협의과정(13조)/분쟁조정제도(14조)

템에 영향을 미치지 않도록 대기 중 온실가스의 농도를 조절하는 것이다. 규제대상은 이산화탄소, 메탄, 프레온가스 등이다. 협약 내용은 기본원칙, 온실가스 규제문제, 재정지원 및 기술이전문제, 특수 상황에 처한 국가에 대한 고려로 구성되어 있다. 국가별로 정도의 차이는 있지만 모든 나라가 책임이 있으므로 능력에 따라 의무를 부담하되 기술적, 경제적 능력이 있는 선진국이 선도적 역할을 하면서 개도국의 사정을 배려한다는 원칙에 따라 각기 다른 의무를 부과한다.

② 교토의정서

기후변화협약이 지구기후변화 방지를 위한 국가들의 자발적인 노력을 규정했지만, 구속력이 없어 온실가스를 줄이는 데 비용이 경제에 부담이 될 것을 우려하기 때문에 지켜지는 데 한계가 있다. 1997년 12월 3차 당사국총회에서 기후변화협약의 기본 원칙에 입각하여 과거 산업혁명을 통해 온실가스 배출의 역사적 책임이 있는 선진국의 온실가스 감축 목표가 결정되었는데, 이를 교토의정서라고 한다. 교토의정서는 온실가스 감축 의무에 대해 국제적으로 구속력을 갖는다는 점에서 의의가 있다.

③ 에너지의 올바른 사용과 대체 에너지

온실가스 대부분이 화석에너지 사용에 의해 발생하기 때문에, 대응방안으로 에너지 절약과 이용 효율 향상을 통한 에너지 사용량을 줄이는 것이다. 근본적인 해결방안으로는 이산화탄소 발생량이 많은 석유나 석탄 대신 이산화탄소 발생량이 적거나 없는 신재생에너지를 개발하여 사용하는 것이 중요하다. 또한 폐기물 발생량 억제 및 재활용, 산림녹화 및 보존 등의 대응방안도 생각해야 한다.

2. 원자력에너지

❶ 원자력에너지 정의

원자핵은 보통 안정된 상태로 존재하지만 그중에는 불안정한 상태에 있는 것도 있다. 이와 같이 불안정한 상태에 있는 것이 안정한 상태로 변화할 때 보이지 않는 광선을 방출하게 되는데, 이것을 '방사선'이라 하며 이렇게 방사선을 방출하는 능력을 '방사능'이라 한다.

모든 물질은 아주 작은 원자로 구성되어 있다. 우리가 흔히 접할 수 있는 공기와 물도 모두

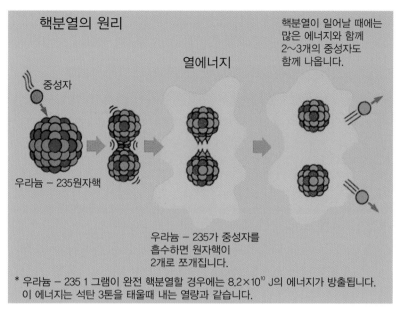

핵분열의 원리

핵분열이 일어날 때에는 많은 에너지와 함께 2~3개의 중성자도 함께 나옵니다.

열에너지

중성자

우라늄 - 235원자핵

우라늄 - 235가 중성자를 흡수하면 원자핵이 2개로 쪼개집니다.

* 우라늄 - 235 1 그램이 완전 핵분열할 경우에는 8.2×10^{10} J의 에너지가 방출됩니다. 이 에너지는 석탄 3톤을 태울때 내는 열량과 같습니다.

[그림 2-16] **핵분열 원리**

작은 원자로 구성된다. 우라늄과 같은 무거운 원자핵에 중성자를 결합시키면 원자핵이 쪼개지는데, 이를 핵분열이라 한다. 핵분열이 발생하면 많은 에너지와 함께 2~3개의 중성자도 함께 나온다. 여기서 발생한 중성자는 다른 원자핵에 흡수되면서 또 다시 핵분열이 일어나는데, 이런 현상을 핵분열 연쇄반응이라 한다. 원자력이란 이런 핵분열이 연쇄적으로 일어나면서 발생하는 막대한 에너지를 말한다.

원자력발전은 우라늄을 연료로 핵분열 시 나오는 증기의 힘으로 터빈을 돌려 전기를 생산한다. 원자로는 핵분열 연쇄반응이 잘 일어날 수 있도록 중성자의 속도를 조절해주는 역할을 한다. 중성자의 속도를 늦춰주는 감속재로 물과 흑연 등을 사용한다. 제어봉은 핵분열 연쇄반응이 급격하게 일어나지 않도록 제어하는 역할을 한다.

❷ 원자력에너지의 장점

지구상에 한정되어 있는 석유와 석탄으로 에너지원을 충당한다는 것은 한계에 이르고 있다. 석유와 석탄 등의 화석에너지를 사용할 때 나오는 오염물질은 환경에 심각한 영향을 미치고 있다. 이에 반해 적은 양으로 다량의 에너지를 공급할 수 있고, 안정적으로 공급할 수 있으며 산성비나 지구온난화를 일으키는 유해물질을 배출하지도 않는 에너지원으로 원자력이 각광을 받고 있다. 원자력발전의 연료로 쓰이는 우라늄 1 g을 다른 에너지원과 열량만 비교해보면 석유 9드럼, 석탄 3톤과 같은 발열량을 가진다.

가. 연료의 안정적 공급이 가능하다. 원자력발전의 연료인 우라늄도 석유처럼 매장량이 빈약하다. 하지만 석유수출국인 중동지역보다 훨씬 안정적으로 공급받을 수 있다. 또한 우라늄은 석유보다 훨씬 적은 양으로 발전하기 때문에 수송과 저장이 쉽다.

나. 지구환경에 큰 영향을 미치지 않는다. 지구 온난화, 산성비 등과 같은 지구환경문제가 발생하고 있다. 이 문제는 이산화탄소, 황산화물, 질소산화물 같은 환경오염 물질을 배출하는 화석연료 소비와 밀접한 관련이 있다. 원자력은 발전 과정에서 이산화탄소 같은 환경오염물질을 배출하지 않는 에너지로서 지구 환경문제를 해결하는 데 중요한 역할을 하고 있다.

다. 경제성을 갖는다. 원자력발전은 다른 발전방식에 비해 건설비는 비싸지만 연료비가 월등히 싸기 때문에 경제적인 발전방식이라고 말할 수 있다. 화석연료의 경우는 발전원가에서 차지하는 연비의 비율이 높기 때문에 연료 가격이 오르면 곧바로 발전원가도 영향을 받는다. 이에 비해 원자력발전은 발전원가에서 차지하는 연료비의 비율이 낮기 때문에 우라늄 가격이 오르더라도 발전원가는 그다지 영향을 받지 않는다.

라. 관련 산업의 발전에 기여할 수 있다. 원자력발전은 사업규모가 방대하여 전기, 기계, 토목, 화학, 금속 등 관련 산업의 발전에 크게 기여해왔다. 운영 중에 있는 울진 3호기 및 현재 건설 중인 월성 4호기, 울진 4호기, 영광 5~6호기는 원자력 관련 기술을 완전 국산화한 우리 고유의 한국 표준형으로서 이와 같은 국산화 추진 과정에서 원자력산업은 관련 산업의 기술발전에 큰 영향을 미쳤다.

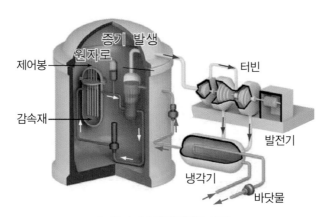

[그림 2–17] **원자력발전 시설**

❸ 원자력에너지의 단점

원자력발전은 높은 효용성에 비해 위험도 또한 매우 크다. 이를 미연에 방지할 수 있는 완벽한 설계와 지속적인 안전관리, 사용 후 발생되는 방사성 폐기물의 철저한 처리가 요구된다. 폐기물은 특수 제작한 드럼통에 시멘트와 섞어서 고체로 만들어 지하에 마련된 저장고에 안전하게 보관하고 기체나 액체 폐기물은 특수 공기정화설비, 폐기물 증발장치 등을 통해 안전하게 처리하여야 한다. 지하 바위 층으로 약 100 m 정도 뚫고 들어가 폐기물 드럼을 버린 다음 점토와 시멘트 콘크리트를 이중으로 덮어서 처리한다.

가. 방사성 폐기물 처리 문제가 발생한다. 발전 후 타고 남은 방사성 폐기물과 발전 중 생긴 저준위 방사성 폐기물 처리, 처분에 많은 비용과 시간이 소요되며, 아직까지 안전성이 확실하게 입증된 방사성 폐기물의 처분 방법이 없다.

나. 건설비가 비싸다. 초기 투자비용이 커서 경제력이 약한 국가는 건설하기 힘들며, 화력발전에 비해 건설비가 비싸다.

다. 원자력발전에는 필수적으로 방사능과 방사선이 발생하므로 사고 시 큰 위험이 있다.

라. 방사능에 의한 동·식물의 기형 발생을 일으킨다.

- 방사선이 흡수, 통과하는 과정에서 공기, 물, 조직세포(체액세포)를 전리시켜 세포를 변화시키고 상해를 줌.

- X, γ, n선등은 투과력이 강하고 2차 방사선을 방출하며, α, β선 등은 투과력은 약하나 체내에 들어오면 에너지 전이도가 체내에 잔류로 인한 인체영향이 큼

- 방사선의 종류나 핵종에 따라서 인체 조직별로 미치는 영향이 상이하며, 방사선 종류에 따라 특수장기(臟器)에 집중적으로 집적(集積)되는 경향이 있음

- 방사선이 인체에 미치는 영향은 급성효과에서 부터 수주, 수십년, 후세에 가서 나타날 수 있는 만성효과로 구분됨

※ 만성 장해의 종류 : 백혈병, 백내장, 수명단축
　　　　　　　　　재생불량성 빈혈, 유전적 장해
※ 악성 종양 : 갑상선암, 유방암, 폐암, 골수암,
　　　　　　　기타 조직의 암

[그림 2-18] 방사선 세기별 인체에 미치는 영향

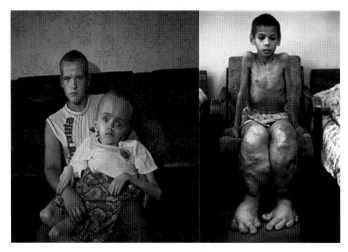

[그림 2-19] 체르노빌 사고의 영향

01 유가가 급격히 상승함에 따라 경제가 뒤흔들릴 정도의 타격을 입는 현상을 무엇이라고 하는가?

02 화석 연료가 매몰되어 있는 땅에서 발생되는 메탄가스, 에탄가스 등을 통틀어 무엇이라고 하는가?

03 탄화가 가장 잘 되어 연기를 내지 않고 연소하는 석탄은 무엇인가?

04 대기 중 방출된 황산화물, 질소 산화물 등의 화학 물질이 구름 속에 있는 수증기와 결합되어 비나 눈에 섞여 내리는 것을 무엇이라 하는가?

05 도시의 매연과 대기 속에 오염물질이 안개 모양의 기체를 이루는 현상은 무엇인가?

06 온실효과에 의해 지구 표면의 기온이 상승하는 현상을 무엇이라 하는가?

07 규제 가능한 가스로서 전체 온실가스 배출량 중 약 80 % 이상 차지하고 있는 것은 무엇인가?

08 지구 온난화를 막기 위해 1988년 UN총회 결의에 따라 세계기상기구와 유엔환경계획에서 협약한 이것은 무엇인가?

09 우라늄과 같은 무거운 원자핵에 중성자를 결합하여 핵분열 반응을 통해 얻는 에너지를 무엇이라 하는가?

03

신재생에너지란 무엇인가?

1. 신 · 재생에너지

❶ 신 · 재생에너지 정의

신 · 재생에너지란 『신에너지 및 재생에너지 개발 · 이용 · 보급촉진법』에 의거하여 기존의 화석연료를 변화시켜 에너지를 생산하거나 태양 · 수력 · 지열 · 생물 · 폐기물 등을 포함하여 재생 가능한 에너지를 변화시켜 이용하는 에너지로 정의하고 10개 분야로 구분한다.

신 · 재생에너지는 신에너지와 재생에너지를 통틀어 부르는 말로, 화석연료나 핵분열을 이용한 에너지가 아닌 대체 에너지의 일부이다. 신에너지는 새로운 물리력, 새로운 물질을 기반으로 하는 핵융합, 자기유체발전, 연료전지, 수소에너지 등을 의미하며, 재생에너지는 재생 가능한 에너지, 즉 동식물에서 추출 가능한 유지, 에탄올을 이용한 에너지부터 태양열, 태양광, 풍력, 조력, 지열 발전 등을 의미한다.

 신 · 재생에너지의 종류

- 신에너지(New Energy, 3개 분야): 수소, 연료전지, 석탄을 액화 · 가스화한 에너지 및 중질잔사유를 가스화한 에너지
- 재생에너지(Renewable Energy, 7개 분야): 태양(태양열, 태양광), 바이오, 풍력, 수력, 지열, 해양, 폐기물 에너지

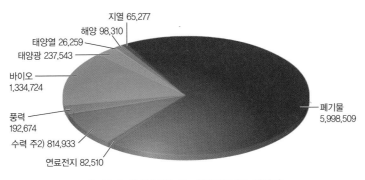

지열 65,277
해양 98,310
태양열 26,259
태양광 237,543
바이오 1,334,724
풍력 192,674
수력 주2) 814,933
연료전지 82,510
폐기물 5,998,509

[그림 3-1] 2012년 신·재생에너지 생산량

예전엔 석유를 대체한다는 단순한 의미에서 대체 에너지란 용어를 보편적으로 사용했으나, 최근 지속적 경제발전을 위한 신에너지 분야로 인식하여 '신·재생에너지'를 보다 폭 넓게 사용하고 있다.

최근 석유 수급 불균형으로 불거진 고유가 시대에 대한 위기감과 범지구적 환경 규제로 인해 화석 연료 사용에 대한 비용 추가까지 겹쳐지면서 전 세계적으로 재생에너지원을 이용한 신·재생에너지에 대한 관심과 투자가 급격히 증가하고 있다.

현재 선진국에서 활발히 기술개발이 진행되어 실용화 단계에 접어든 신·재생에너지로는 태양에너지, 풍력에너지가 주종을 이루며, 태양광, 풍력 등의 신·재생에너지 산업은 세계적으로 연평균 20~30 % 급신장하여 IT, BT 산업 등과 함께 21C 첨단 신산업으로 급부상하고 있는 추세이다.

❷ 신·재생에너지의 특징

신·재생에너지의 특징은 아래 네 가지로 요약될 수 있다. 이중 재생이 가능하여 고갈될 염려 없는 비고갈성 에너지라는 점이 수급불균형으로 인한 고유가 시대에 경제적으로 가장 중요시 되는 사항이라고 할 수 있다. 인류는 결국 물러설 곳 없이 막다른 골목에 와서야 자신들이 쓰는 에너지가 유한 자원임을 인식하고 있는 셈이다. 공공 미래 에너지는 시장창출 및 경제성 확보를 위한 장기적인 정부 및 기업의 기술투자와 개발 보급 정책을 기반으로 새로운 미래의 핵심 에너지를 개발하는 데 목적이 있다. 기술에너지는 연구개발을 통해 확보 가능한 에너지이며, 기존 신·재생에너지를 기반으로 좀 더 높은 효율과 비용절감, 실용성을 확보할 수 있어야 한다. 마지막으로 환경 친화형 청정에너지는 유해성 물질 및 온난화가스 발생을 줄임으로써 자연 친화적인 에너지로 접근하여야 한다.

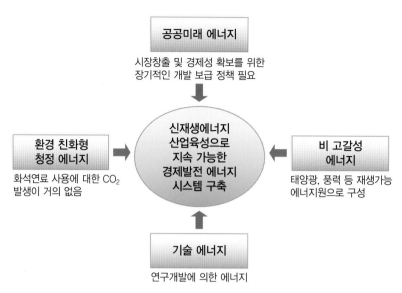

[그림 3-2] 신·재생에너지 특징과 에너지 시스템 구축도

❸ 신·재생에너지의 중요성

화석에너지의 고갈 문제와 함께 환경문제에 대한 해결책으로 신·재생에너지는 매우 중요한 의미를 갖는다. 높은 초기투자 비용에도 불구하고 각 선진국에서는 신·재생에너지에 대한 연구개발과 보급정책 등을 끊임없이 추진하고 있다.

- 최근 유가의 불안정, 기후변화협약 규제 대응 등 신·재생에너지의 중요성이 재인식되면서 에너지 공급 방식의 다양화가 필요하다.
- 기존 에너지원 대비 가격경쟁력 확보 시 신·재생에너지 산업은 IT, BT, NT 산업과 더불어 미래 산업, 차세대 산업으로 급성장이 예상된다.
- 우리나라는 2011년 총 에너지의 5 %를 신·재생에너지로 보급한다는 장기적인 목표 하에 신·재생에너지 기술개발 및 보급 사업 등에 대한 지원이 강화되고 있다.

아래의 표는 한반도의 신·재생에너지 전체의 잠재량을 나타낸 것이다. 여기서 부존잠재량이란 한반도 전체에 존재하는 신·재생에너지의 총량을 나타내며, 가용잠재량은 부존잠재량에서 에너지 활용을 위한 설비가 들어설 수 있는 지리적인 여건을 고려한 값으로 활용 가능한 에너지의 양을 산정한 값이다. 기술적 잠재량은 현재의 기술 수준으로 산출될 수 있는 최종 에너지의 양을 나타낸 값으로 기기의 시스템 효율 등을 적용하여 계산한 값이다. 아

[표 3-1] 전체 신·재생에너지의 잠재량 [단위 : 천 toe]

구 분		부존 잠재량	가용 잠재량	기술적 잠재량	비 고
태양열에너지		11,159495	3,483,910	870,977	태양열시스템 변환효율(25 %) 고려
태양광에너지				585,315	태양광시스템 변환효율(15 %) 고려
풍력에너지	육상	121,433	24,293	8,097	2MW급 국산 풍력발전기 적용
	해상	172,781	60,813	22,264	3MW급 국산 풍력발전기 적용
수력에너지		126,273	65,210	20,867	
바이오매스 에너지		141,855	11,656	6,171	임산, 농부산, 축산, 도시폐기물 바이오매스에 대한 2010년 기준임 2030년: 6,171 예상
지열에너지		2,352,347,459	160,131,880	233,793	심부지열
해양에너지	조력			2,559	
	조류			288	
	파력	352,000	17,600	3,500	파력: 4MW/㎢ 발전기 적용
총 계		2,364,421,296	163,795,362	1,753,831	

래에서 확인할 수 있듯이 전체 가용한 신·재생에너지 중에서 실제로 사용할 수 있는 에너지는 약 1 %에 미치며, 이는 한반도에 존재할 수 있는 신·재생에너지의 약 0.01 % 밖에 미치지 못한다. 꾸준한 기술 개발과 연구 활동을 통하여 한반도에 존재하는 에너지의 10 %만 이용할 수 있다면, 에너지 부족함 없이 살아갈 수 있을 것이다.

2. 신에너지

❶ 수소에너지

(1) 수소에너지 정의

수소에너지란 수소 형태로 에너지를 저장하고 사용할 수 있도록 한 대체 에너지(신·재생에너지)이다. 수소는 연소시켜도 산소와 결합하여 다시 물로 변하기 때문에 배기가스로 인한 환경오염의 염려가 없어 매우 유용한 에너지원이다. 수소는 물을 전기 분해하면 쉽게 얻을 수 있다. 무한정인 물을 원료로 사용하여 제조할 수 있으며 가스나 액체로 쉽게 저장할 수 있어 사용에 용이하다.

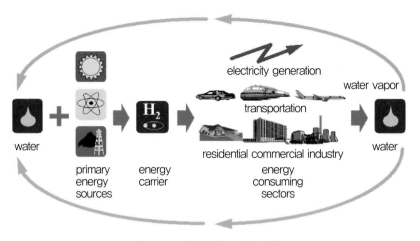

[그림 3-3] **수소에너지의 이해**

(2) 수소에너지 원리

수소의 제조법을 간단히 살펴보면 크게 두 가지로 나뉘는데, 그중 하나는 천연가스, 석유, 석탄 등을 열분해하여 수소를 얻는 방법으로 오늘날 공업용 수소의 90 %가 이 방식으로 제조된다. 또 하나는 물의 전기 분해에 의한 수소의 발생이다. 오래 전부터 잉여전력을 이용하여 물을 전기 분해하는 방법으로 효율이 좋은 수소를 제조하는 개발연구가 진행되어 왔는데, 최근 일본의 Sunshine Project에 의해 개발된 고온고압 물 전기 분해법은 그 효율이 90 %에 가까운 성능을 보여주고 있다.

수소 발생기 제품 기술 원리

물(H_2O) 전기분해	→	수소에너지 발생	→	가정용, 산업용, 자동차용 등 즉시 사용 가능

 물 전기분해

수소와 산소가 반응하여 물이 만들어지면 이 물은 자발적으로 수소와 산소로 되지 못한다. 그러나 전기에너지를 가해서 반응을 일으키면 물을 분해할 수 있다. 이때 (+)극은 산화반응으로 산소를 얻을 수 있고, (−)극에서는 환원반응이 일어나 수소를 얻을 수 있다. 생성되는 수소와 산소의 부피 비는 2:1로 전체 반응식을 다음과 같이 표현할 수 있다.

$$6H_2O \rightarrow 2H_2 + O_2 + 4OH^- + 4H^+ \rightarrow 2H_2O \rightarrow 2H_2 + O_2$$

수소에너지를 생산하기 위해서는 연료를 태워서 만드는 방법도 있지만 그렇게 되면 폭발할 수 있는 위험성이 있기 때문에 연료전지라는 것을 이용해 수소에너지를 생성한다. 연료전지라는 것은 수소와 산소를 결합시켜 전기에너지를 생산하는 장치이다. 연료전지에 관한 자세한 설명은 다음에 알아보도록 하자.

(3) 수소에너지 특징

가. 무한정 에너지

수소는 물 또는 유기물질을 원료로 하여 무한정 공급, 제조할 수 있고, 사용 후 다시 물로 재순환된다. 수소에너지는 자원 고갈 우려가 없어 화석연료 자원이 빈약한 국가에 적합한 에너지원이다. 물의 전기분해를 통해 쉽게 제조할 수 있으나 전기에너지에 비해 수소에너지가 경제성이 낮아 대체 전원 또는 촉매를 이용한 제조기술 연구가 필요하다.

나. 저장 및 수송의 용이함

수소는 가스나 액체로 쉽게 수송할 수 있으며 고압가스, 액체수소, 금속수소화물 등의 다양한 형태로 저장이 용이하다. 현재 수소는 기체로 저장하고 있으나 단위 부피당 수소저장 밀도가 낮아 경제성과 안정성이 부족하여 액체 및 고체 저장법의 연구를 추진하고 있다.

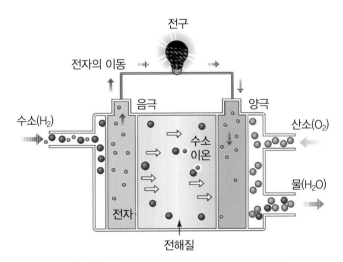

[그림 3-4] **연료전지를 통한 수소에너지 생성**

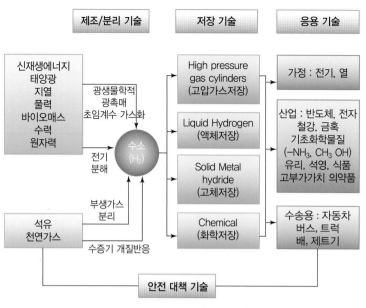

[그림 3-5] 수소에너지 시스템

다. 무공해성

수소는 연료로 사용할 경우에 연소 시 극소량의 공해물질인 NO_x를 제외하고는 공해물질이 생성되지 않는다. 단위 에너지 제품 기준으로 석탄의 이산화탄소 배출량을 100 %로 할 때 석유와 천연가스는 각각 80 % 및 60 %의 이산화탄소를 배출하나 수소는 이산화탄소를 전혀 배출하지 않아 환경오염을 최소화할 수 있다.

라. 다양한 적용 분야

수소는 산업용의 기초 소재로부터 일반 연료, 수소자동차, 수소비행기, 연료전지 등 현재의 에너지 시스템에서 사용되는 거의 모든 분야에 이용가능하다. 장치비용이 고가이긴 하나, 특수 분야인 고온 용접기, 반도체 분야에 이용되나 화석연료에 비해 경제성이 확보되면 일반 연료, 동력원 등으로 사용 가능하다.

(4) 수소에너지 설치 사례

[그림 3-6] **수소 연료전지 자전거**

[그림 3-7] **수소 연료전지 자동차**

❷ 연료전지

(1) 연료전지 정의

연료전지란 연료의 화학에너지를 전기화학반응에 의해 전기에너지로 직접 변환하는 발전 장치를 말한다. 일반적으로 화학 전지(건전지)는 전극을 구성하는 물질과 전해질을 용기 속에 넣어 화학반응을 시키고 있지만, 연료전지는 외부에서 수소와 산소를 계속 공급해서 계속 전기에너지를 낸다. 이는 마치 연료와 공기의 혼합물을 엔진 속에 공급하여 연소시키는 것과 유사하다. 이와 같이 연료의 연소와 유사한 화학전지를 연료전지라고 한다. 연료전지에 공급된 수소는 연소시키는 것이 아니고, 수용액에서 전자를 교환하는 산화·환원 반응이 진행되며, 그 과정에서 수소와 산소가 물로 바뀐다. 이때 에너지가 전기에너지로 전환된다.

1839년 영국의 물리학자인 그로브가 수소와 산소와의 반응 중에 이를 발견하고, 실제로 전지를 만들어 보았다고 한다. 이 연료 전지는 1965년, 미국의 우주선 제미니 5호에 적재되어 우주선 내의 전력과 음료수를 공급하면서부터 갑자기 각광받았다. 연료전지는 그 종류가 많을 뿐만 아니라 연료로 기체, 액체, 고체 어느 것이 사용되느냐에 따라 그 방식도 여러 가지가 있다. 반응을 일으키는 온도도 상온부터 500℃ 이상으로 그 종류가 매우 다양하다.

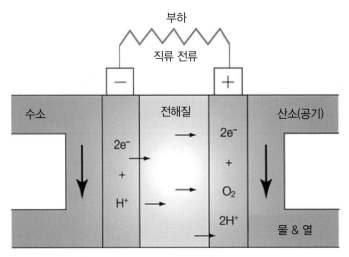

부하

직류 전류

| 수소 | 전해질 | 산소(공기) |

$2e^-$

$+$

H^+

$2e^-$

$+$

O_2

$2H^+$

물 & 열

[그림 3-8] **수소-산소 연료전지의 구조**

(2) 연료전지의 원리

물을 전기분해하면 수소와 산소가 발생하게 된다. 이와 반대로 연료전지는 수소와 산소를 결합하여 물과 전기를 얻는다. 연료전지의 기본 구성은 연료극 / 전해질 층 / 공기극으로 접합되어 있는 셀(cell)이며, 다수의 셀을 적층하여 스택을 구성함으로써 원하는 전압 및 전류를 얻을 수 있다.

일반적으로 연료전지 기본 셀에서 전기를 발생시키기 위하여 연료인 수소가스를 연료극 쪽으로 공급하면, 수소는 연료극의 촉매 층에서 수소이온($H+$)과 전자($e-$)로 산화되며, 공기극에서는 공급된 산소와 전해질을 통해 이동한 수소이온과 외부 도선을 통해 이동한 전자가 결합하여 물을 생성시키는 산소 환원 반응이 일어난다. 이 과정에서 전자의 외부흐름이 전류를 형성하여 전기를 발생시킨다.

- 연료극(양극)에 공급된 수소는 수소이온과 전자로 분리된다.
- 수소이온은 전해질 층을 통해 공기극으로 이동하고 전자는 외부회로를 통해 공기극으로 이동한다.
- 공기극(음극) 쪽에서 산소이온과 수소이온이 만나 반응생성물(H_2O)을 생성한다.
- 최종적으로 수소와 산소가 결합하여 전기, 물, 열을 생성한다.

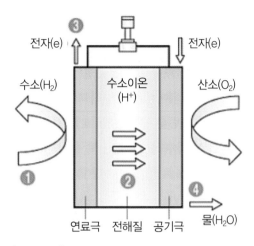

전자(e) ③

전자(e)

수소(H₂)

수소이온
(H⁺)

산소(O₂)

①

②

④

물(H₂O)

연료극 전해질 공기극

[그림 3-9] **연료전지의 기본 구성 및 전기발생 원리**

(3) 연료전지의 특징

가. 높은 발전효율

종래의 발전 방식은 연료의 에너지로부터 전기를 얻기까지의 과정에서 열 및 운동에너지를 포함하고 있기 때문에 여러 곳에서 에너지 손실이 발생한다. 연료전지의 전기발전효율은 운전 장치 사용 전력 또는 열 손실 등을 감안하더라도 30~60 % 이상이며, 열병합발전까지 고려하면 전체 시스템 효율은 80 % 이상이다. 디젤엔진, 가솔린엔진, 가스터빈의 경우 출력 규모가 클수록 발전효율이 높아지는 경향이 있으나 연료전지의 경우 출력크기에 상관없이 일정한 높은 효율을 얻는 것도 큰 이점이라고 할 수 있다.

나. 자연 친화적

연료전지는 기본적으로 수소와 산소를 전기화학적으로 반응시켜 전기를 발생하는 발전장치이기 때문에 화력 발전이나 디젤 발전기에서와 같이 연소과정이 없으며, 발생하는 것은 전기와 물 그리고 열뿐이다. 현재는 천연가스, 석탄 등의 화석연료로부터 수소를 얻고 있으나 궁극적으로 풍력, 태양광 등의 대체 에너지를 사용한 물의 전기분해로 수소를 얻게 되면 연료전지는 이산화탄소와 질소산화물(NO_x), 황산화물(SO_x) 배출이 전혀 없는 무공해 에너지 시스템으로 자리매김하게 될 것이다.

다. 모듈형태 및 설치장소

연료전지는 모듈 형태로 제작이 가능하기 때문에 발전규모 조절이 용이하고, 설치 장소의 제약이 적다는 것도 최근 부각되는 연료전지의 장점이다. 일반적으로 연료전지는 규모에 따른 에너지 전환 효율의 변화가 크지 않은 것으로 알려져 있다. 다시 말해 소형에서도 높은 에너지 전환 효율을 기대할 수 있다는 것이다. 이 때문에 연료전지는 수 W급에서 수십 MW급까지 다양한 용도로 사용하는 것이 가능하다. 또한 연료전지는 소음, 유해가스 배출을 획기적으로 낮출 수 있어 도심 어디에도 설치가 가능하다.

(4) 연료전지의 종류

연료전지는 전해질의 종류에 따라 고분자 전해질 연료전지(PEMFC), 인산형 연료전지(PAFC), 용융탄산염 연료전지(MCFC), 고체 산화물 연료전지(SOFC), 알칼리 연료전지(AFC), 직접 메탄올 연료전지(DMFC) 등으로 구분된다. 이들은 작동온도에 따라 다시 고온형과 저온형으로 구분되며, 650℃ 이상의 고온에서 작동하는 고온형 연료전지인 MCFC와 SOFC는, 백금을 전극으로 사용하는 저온형 연료전지와는 달리, 전극촉매로 니켈을 비롯한 일반 금속촉매를 쓸 수 있는 장점이 있다. 고온형은 발전효율이 높고 고출력이이지만 시동시간이 오래 걸려 발전소나 대형건물 등에 적합하다. 저온형인 PAFC와 PEMFC, DMFC는 200℃ 이하에서 상온에 이르기까지 저온에서도 구동될 수 있으며, 시동시간이 짧고 부하변동성이 뛰어난 특징이 있으나 고가의 백금 전극이 필요하다. 연료전지의 종류에 따른 특성을 다음 표에 나타내었다.

[표 3-2] 연료전지의 종류별 특징

종류	고온형 연료전지		저온형 연료전지		
	용융탄산염 연료전지 (MCFC)	고체산화물 연료전지 (SOFC)	인산형 연료전지 (PAFC)	고분자형 연료전지 (PEMFC)	알칼리 연료전지 (AFC)
전해질	탄산염	세라믹 산화물	인산	고분자막	알칼리
작동온도	약 650℃	약 1000℃	약 200℃	약 80℃	약 80~100℃
특징	발전효율 높음 내부개질 가능 열병합대응 가능	발전효율 높음 내부개질 가능 복합발전 가능	CO내구성 큼 열병합대응 가능	저온작동 고출력밀도	-
주용도	대용량 화력발전소 대체용	대용량 화력발전소 대체용	소규모 발전소 병원, 호텔, 버스	휴대용 발전기, 교통수단(승용차, 버스, 선박), 우주선	군사용, 우주선 등 특수용도

(5) 연료전지 발전시스템 구성도

가. 개질기(Reformer)

화석연료(천연가스, 메탄올, 석유 등)로부터 수소를 발생시키는 장치이다. 시스템에 악영향을 주는 황(10ppb 이하), 일산화탄소(10ppm 이하) 제어 및 시스템 효율 향상을 위한 compact가 핵심 기술이다.

나. 스택(Stack)

원하는 전기출력을 얻기 위해 단위전지를 수십 장, 수백 장 직렬로 쌓아 올린 본체이다. 단위전지 제조, 단위전지 적층 및 밀봉, 수소공급과 열회수를 위한 분리판 설계ㆍ제작 등이 핵심기술이다.

다. 전력변환기(Inverter)

연료전지에서 나오는 직류전기(DC)를 우리가 사용하는 교류(AC)로 변환시키는 장치이다.

라. 주변보조기기(BOP: Balance of Plant)

연료, 공기, 열회수 등을 위한 펌프류, Blower, 센서 등을 말하며, 연료전지에 특성에 맞는 기술이 미비하다.

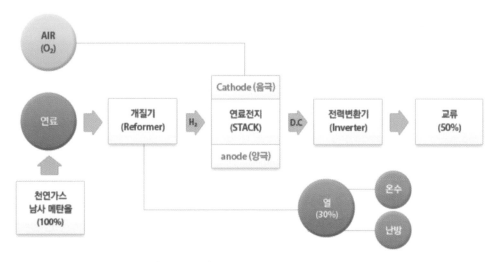

[그림 3-10] 연료전지 발전시스템 구성도

위의 그림은 연료전지의 발전시스템 구성도이다. 그림에서 볼 수 있듯이 석유, 천연가스, 메탄올과 같은 화석 연료를 개질기에 넣어주면 개질기서 H_2가 나오게 되는데, 이때 발생하는 30 %의 에너지는 열로 나오게 된다. 이 열에너지는 온수, 난방 등에 사용할 수 있다. 개질기에서 나온 H_2는 연료전지(Stack)에 넣어주고 연료전지 음극 부위엔 공기(O_2)를 마주하면 직류전류(DC)를 얻을 수 있고, 이 전류를 전력변환기(Inverter)를 통해 교류전류로 바꾸어 사용할 수 있게 된다.

(6) 연료전지 설치 사례

[그림 3-11] **차량용 연료전지 설치**

[그림 3-12] **포스코 파워의 발전용 연료전지 DFC300**

❸ 석탄 액화 · 가스화(중질잔사유) 에너지

(1) 석탄 액화 · 가스화(중질잔사유) 정의

석탄가스화 · 액화 기술은 석탄, 폐기물, 바이오매스 및 중질잔사유와 같은 연료를 산소 및 수증기 등에 의해 가스화한 후 생산되는 합성가스(일산화탄소와 수소가 주성분)를 이용하여 전기, 화학원료, 액체연료 및 수소 등의 에너지로 바꿔주는 기술이다. 이것은 가스화 기술, 합성가스 정제기술, 합성가스 전환기술로 구분된다. 석탄가스화 · 액화기술을 이용하면 석탄과 같은 원유로부터 나오는 대부분의 화학물질을 만들 수 있으며, 기후변화협약, 환경규제, 자원의 제약에 대응할 수 있는 석유나 천연가스의 고갈에 대비한 에너지원의 안정적인 확보 차원에서 값싸고 환경오염이 없으며 높은 효율의 에너지를 얻을 수 있는 기술이다.

(2) 석탄 액화 · 가스화(중질잔사유) 원리

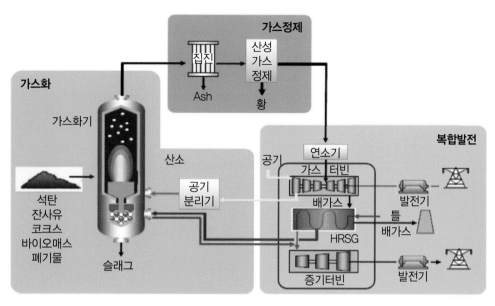

[그림 3-13] **석탄 액화 · 가스화 시스템 구성도**

위의 그림은 석탄 액화 · 가스화 시스템의 구성도를 개략적으로 나타난 것이다. 석탄과 같은 연료를 가스화 장비에 넣어주고 이를 분해하여 가스 상태로 만들어준 다음 가스 정제시설에서 가스를 모으고, 산성 가스정제 시설을 이용하여 필요로 하는 높은 순도의 가스를 얻게 된다. 이를 연소기인 가스 터빈을 통하여 발전기를 동작시킴으로써 전기를 만들 수 있다. 또한 가스화 과정에서 나오는 증기를 바로 증기 터빈에 연결하여 발전기를 가동함으로써 전기를 얻을 수 있다.

(3) 석탄 액화 · 가스화(중질잔사유) 특징

석탄 액화 · 가스화에 사용되는 연료는 석탄, 중질잔사유, 폐기물 등과 같은 값싸고 나름 구하기 쉬운 물질임에도 불구하고 고부가 가치의 에너지로 바꿔줄 수 있다는 장점을 가지고 있다. 또한 석탄이 갖고 있는 에너지의 대부분을 화학에너지로 바꾸어 발생하게 되므로 이를 통하여 현재의 기술로도 높은 발전효율을 달성할 수 있고, 황(S) 성분과 같은 유해물질을 99 % 이상 제거 가능한 환경 친화적인 기술이라고 할 수 있다. 불완전연소를 하는 가스화 반응에서는 연료내의 황(S)성분이 공해물질인 황산화물(SO_x) 형태가 아닌 황화수소(H_2S) 형태로 발생시켜 제거가 용이할 뿐만 아니라 황산(H_2SO_4) 등 화학물질로 회수가 가능하여 관

[표 3-3] 석탄 액화 · 가스화 장 · 단점

장점	단점
발전효율이 높음	설비구성과 제어가 복잡함
환경 친화적 기술	초기 투자비용이 높음
고부가 가치의 에너지화	

련 산업에서 원료로 활용이 가능하다.

(4) 석탄 액화 · 가스화(중질잔사유) 기술 분류

가. 석탄 가스화 기술

석탄을 고온 · 고압 상태의 가스화 기에서 불완전 연소시켜 일산화탄소(CO)와 수소(H_2)가 주성분인 합성가스를 생성하는 기술로 전체 시스템 중 가장 중요한 부분으로 원료공급방법 및 연소하고 남은 재(Ash) 처리 등이 핵심기술로 석탄 종류 및 반응조건에 따라 생성가스의 성분과 성질이 달라진다.

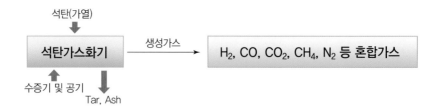

나. 가스 정제기술

생성된 합성가스를 고효율 청정에너지에 사용할 수 있도록 오염가스와 분진(H_2S, HCl, NH_3 등) 등을 제거하는 기술이다.

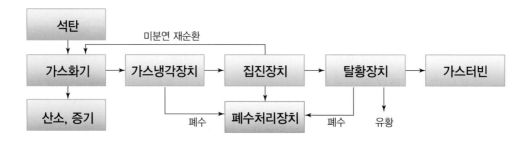

다. 가스터빈 복합발전시스템(IGCC)

정제된 가스를 사용하여 1차로 가스터빈을 돌려 발전하고, 배기가스 열을 이용한 보일러로 증기를 발생시켜 2차로 증기터빈을 돌려 발전하는 방식이다.

라. 수소 및 액화연료 생산

연료전지의 원료로 사용할 수 있도록 합성가스로부터 수소를 분리하는 기술과 생성된 합성가스의 촉매 반응을 통해 액체연료인 합성석유를 생산하는 기술이다.

(5) 석탄 액화 · 가스화(중질잔사유) 설치 사례

[그림 3-14] 셸이 네덜란드에 건설한 250MW급 IGCC 발전소

[그림 3-15] 미국 미시시피 켐퍼 카운티에 IGCC를 건설하는 켐퍼 프로젝트

3. 재생에너지

❶ 태양에너지

(1) 태양에너지 개요

태양에너지는 태양으로부터 방출되는 전자기파 형태의 에너지이다. 태양에서부터 나오는 에너지는 막대하지만 지구까지 도달하는 에너지는 그중 1 %도 미치지 못한다. 지구까지 도달하는 에너지 중 약 70 %만이 흡수되는데, 세계 연간 에너지 소비량은 이 에너지의 1시간 분량밖에 되지 못한다. 이렇게 태양으로부터 지구에 도달하는 에너지 중 일부를 활용하여 전기에너지 혹은 열에너지로 바꾸어 사용할 수 있다. 이 에너지양은 무궁무진하며, 공해가 없고 지구대기의 열 균형이 보존되는 등 인류에게 절대적인 에너지 원천이 된다. 깨끗한 에

너지이지만, 기후에 좌우되는 단점이 있어 흐린 날씨 속에서는 에너지 변환이 잘 일어나지 못한다. 이러한 단점이 있지만, 청정에너지이며 무한한 에너지 자원이라는 장점 때문에 전 세계는 이 에너지에 주목하고 있다.

(2) 태양열에너지

태양으로부터 쏟아지는 방대한 양의 태양빛을 집열판이나 반사경을 통해 한곳으로 모은 후, 온수나 난방에 이용하거나 증기터빈을 이용해 전기를 생산하는 것을 말한다. 현재 태양 열에너지는 주택이나 건물의 온수, 난방에 주로 사용되고 있으며, 선진국에서는 태양열발전 과 지역난방 등 국가별 특성에 맞는 태양열 이용 기술을 중점 개발하여 보급하고 있다.

가. 태양열에너지 원리

태양열에너지는 태양으로부터 지구에 도달하는 열에너지를 저장하여 사용하거나 직접 사용할 수 있다. 태양열발전은 태양의 열에너지를 집열 장치를 사용하여 물, 합성유(Synthetic oil) 등 열 매체를 가열 후 발생되는 증기를 이용하여 발전기 터빈을 돌려 전기에너지를 생산한다.

> ※ 터빈 : 물, 가스, 증기 등의 유체가 가지는 에너지를 유용한 기계적 일로 변환시키는 기계. 회전운동을 하는 것이 특징이다.

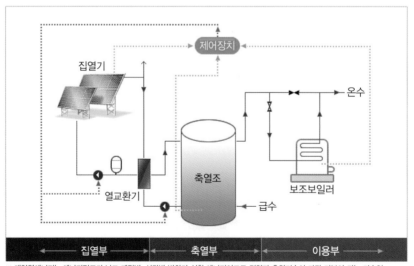

※ 태양열에너지는 에너지밀도가 낮고 계절별, 시간별 변화가 심한 에너지이므로 집열과 축열기술이 가장 기본이 되는 기술임

[그림 3-16] 태양열 발전시스템 기본 구성

나. 태양열 발전시스템의 종류

태양열 발전시스템은 설비형 태양열 시스템, 자연형 태양열 시스템으로 구분된다. 자연형 태양열 발전시스템은 태양열에 의해 얻어지는 열에너지를 어떠한 장치가 없이 이루어지는 태양열 시스템을 의미한다. 설비형 태양열 발전시스템은 태양열에 의해 얻어진 열에너지를 팬과 펌프와 같이 이송장치에 의해 축열 또는 이용부로 이동되는 시스템을 말한다. 우리가 흔히 알고 있는 태양열 발전시스템의 경우는 후자를 의미한다.

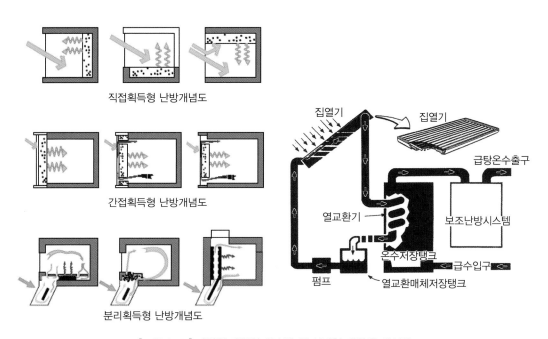

[그림 3-17] **자연형 태양열 시스템 및 설비형 태양열 시스템**

다. 태양열 시스템 기술

[그림 3-18] **태양열 시스템 기술 구성**

① 집열기술

저온용 집열기는 태양광선을 모으는 장치 없이 집열을 하는 집열기로, 평판형 집열기와 진공관형 집열기가 있다. 이 중 진공관형 집열기는 유리관 내부를 진공으로 만들어 열손실을 최소화함으로써 비교적 높은 온도를 집열하는 데 효과적이다. 중온용 및 고온용 집열기는 빛은 모으는 장치가 있어 일사광선을 고밀도로 모으는 집열기를 포함한다. 대체적으로 집광비에 따라 집열온도가 달라지는데, 집광비가 클수록 집열온도가 높은 집열기이다.

구분	저온용	중·저온용	중온용	고온용
활용온도	90℃ 이하	150℃ 이하	300℃ 이하	300℃ 이하
집열기	평판형 집열기	진공관형 집열기 CPC형 집열기	PTC형 집열기	Dish형 집열기 Power Tower 태양로

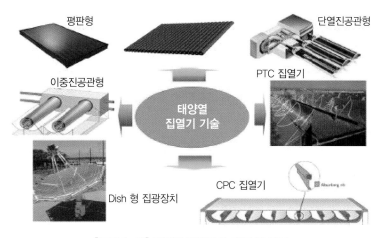

[그림 3-19] **태양열 집열기의 용도 및 종류**

② 축열기술

축열기술은 집열기에서 모인 태양열을 필요한 양만큼 필요 시간에 수요측에 공급하기 위한 것으로, 태양열을 효과적으로 사용할 수 있도록 열에너지를 효율적으로 저장했다가 공급하는 장치이다.

[그림 3-20] **가정용 소용량 태양열 축열기**

③ 시스템 기술

태양열 시스템은 안전성을 위한 핵심 기술이며, 열부하 조건, 동파방지, 과열방지 등에 따라 적정하게 설계되어야 한다. 동절기 혹한기가 있는 지역은 동파방지를 위해 부동액을 집열매체로 사용하고 있지만 자동배수 방식 등 다른 여러 가지 방법도 사용될 수 있다.

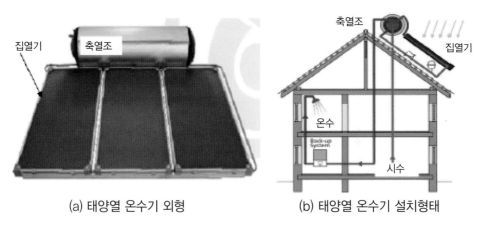

(a) 태양열 온수기 외형   (b) 태양열 온수기 설치형태

[그림 3-21] **태양열 온수기(자연순환식)**

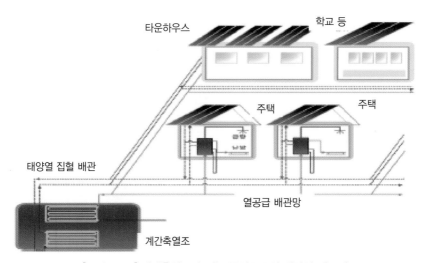

[그림 3-22] **계간축열조가 있는 중앙공급식 태양열 시스템**

라. 태양열에너지 설치 사례

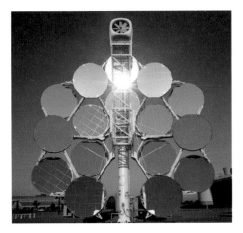

[그림 3-23] 접시형 집열기(25KW급)

[그림 3-24] 미국 국립연구소 태양열발전 시설

(3) 태양광에너지

태양광 발전 기술은 21세기 새로운 패러다임의 변화 및 인간의 삶의 질 향상을 위해 새로운 저탄소 사회구현을 위한 녹색성장산업의 선두주자로 각광 받고 있다. 특히 지난 2006년부터 2010년까지 세계 시장의 연평균 성장률이 85 %에 이를 만큼의 급격한 성장세를 보였다.

가. 태양광에너지 발전 원리

태양광을 직접 전기로 변환시키는 발전 방식으로, 발전기에 해당하는 태양전지 셀, 태양전지에서 발전한 직류를 교류로 변환하는 인버터(inverter), 전력 저장기능의 축전장치로 크게 구성되어 있다. 태양광 어레이에 태양 빛이 들어오면 직류 형태의 전류가 나오게 되는데, 이를 인버터에서 교류로 변환시켜주고 변환 전 전류는 축전지에 저장하는 방식이다.

나. 태양전지 원리

빛이 태양전지(반도체)에 흡수되면 전자와 정공 쌍이 생성되고 전자와 정공은 p-n접합부에 존재하는 전기장의 영향으로 서로 반대의 전극 방향으로 흘러간다. 따라서 도선으로 연결된 외부 회로에 전기가 발생하게 된다.

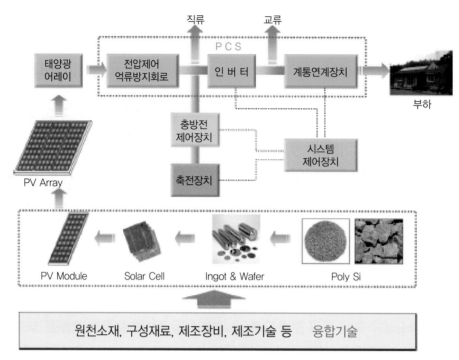

[그림 3-25] **태양광 발전시스템의 구성요소**

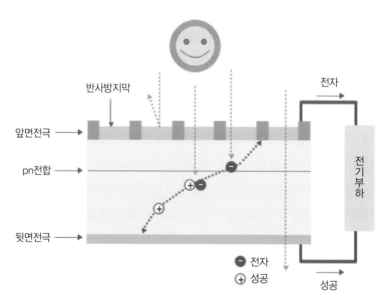

[그림 3-26] **태양전지의 기본 구조 및 작동 원리**

다. 태양전지 발전 구성

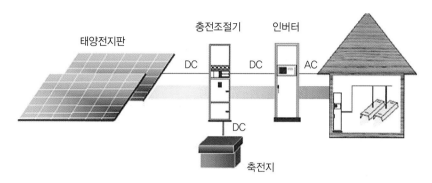

[그림 3-27] **태양광 발전시스템 기본 구성도**

① 태양전지

태양전지 모듈은 태양전지 셀을 직렬 및 병렬로 연결하여 태양빛을 비추면 일정한 전압과 전류를 발생시키는 장치로 용도에 따라 다양한 형태로 제작된다.

② 인버터

태양전지에서 만들어지는 전기는 직류이고, 가장 많이 쓰이는 전압은 12V와 24V이다. 태양전지에서 만들어지는 직류전류를 직접 사용하는 것이 가장 경제적이나 가정용 전기는 220V 교류이기 때문에 가정용으로 사용하기 위해서는 직류를 교류로 전환해줄 필요성이 있다.

③ 축전지

태양전지에서 생성된 전류를 저장하는 공간으로 한국전력공사와 연계된 계통 연계 시스템용 축전지와 가정에서 사용하는 독립형 전원시스템용 축전지가 있다.

라. 태양전지 종류

[표 3-4] 태양전지 종류별 효율 및 특징

태양전지 종류	실험실 전지	모듈 시제품	상업용 모듈	2011년 생산점유율	특징 및 장·단점	
단결정 Si	25.0	24.2	22.9	30.9 %	– 기술 성숙	– 대규모 생산
다결정 Si	20.4	193	18.2	57.8 %	– 소재 안정성 – 유연성 없음	– 제조가 비쌈
Si 박막	12.5	11.7	10.4	3.4 %	– 비교적 저가 – 경량 – 옥외 열화	– 유연성 – 효율 낮고
CdTe 박막	17.3	13.5	12.8	5.5 %	– 비교적 고효율 – Cd 거부감	– 경량 – Te 자원 부존량
CIGS 박막	20.3	17.4	15.7	2.4 %	– 고효율 – 경량 – 고가 공정 – In, Ga 자원량 한계	– 안정성 – 유연성 – Si 대비 경험 부족
염료감응	11.0	9.9		0	– 저가 잠재력 최고	– 유연성
유기	10.0	4.2		0	– 다양한 용도	– 상업화 기술 미성숙
화학물 양자점	4.4				– 소재 불안정성	
III–V 집광						

마. 태양광 발전시스템 설치 사례

[그림 3-28] 일본 토야마 현민 공원 수상식 태양광 발전시스템

[그림 3-29] 세계 최대 태양광발전 시설–모하비 사막

❷ 풍력에너지

(1) 풍력에너지 정의

풍력에너지란 공기의 유동이 가진 운동에너지의 공기 역학적 특성을 이용하여 회전자를 회전시켜 기계적 에너지로 변환시키고, 이 기계적 에너지로 전기를 얻는 기술이다. 풍력발전기는 지면에 대한 회전축의 방향에 따라 수평형 및 수직형으로 분류되고, 주요 구성 요소로는 날개와 허브로 구성된 회전자와 회전을 증속하여 발전기를 구동시키는 증속 장치, 발전기 및 각종 안전장치를 제어하는 제어장치, 유압 브레이크 장치와 전력 제어장치 및 철탑 등으로 구성된다.

풍력발전은 어느 곳에나 산재되어 있는 무공해, 무한정의 바람을 이용하므로 환경에 미치는 영향이 거의 없고 국토를 효율적으로 이용할 수 있으며, 대규모 발전 단지의 경우에는 발전 단가도 기존의 발전 방식과 경쟁 가능한 수준의 신에너지 발전 기술이다. 또한 풍력발전 단지의 면적 중에서 실제로 이용되는 면적은 풍력발전기의 기초부, 도로, 계측 및 중앙제어실 등으로 전체 단지 면적의 1 %에 불과하며, 나머지 99 %의 면적은 목축, 농업 등의 다른 용도로 이용할 수 있다.

[그림 3-30] **수평축 풍력발전기**

(2) 풍력에너지 원리

바람의 힘을 회전력으로 전환시켜 발생되는 유도전기를 전력 계통이나 수요자에게 공급하는 기술이다.

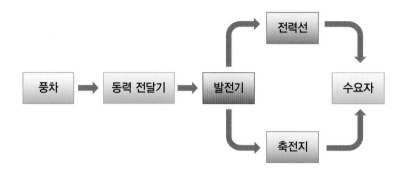

(3) 풍력에너지 특징 및 구성

풍력이 가진 에너지를 흡수, 변환하는 운동량 변환장치, 동력전달장치, 동력변환장치, 제어장치 등으로 구성되어 있으며, 각 구성요소들은 독립적으로 그 기능을 발휘하지 못하며 상호 연관되어 전체적인 시스템으로서의 기능을 수행한다.

가. 기계 장치부

바람으로부터 회전력을 생산하는 회전날개, 회전축을 포함한 회전자, 이를 적정 속도로 변환하는 증속기와 기동·제동 및 운용 효율성 향상을 위한 Brake, Pitching & Yawing System 등의 제어장치 부문으로 구성되어 있다.

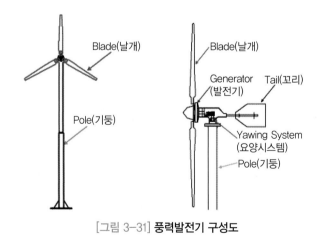

[그림 3-31] **풍력발전기 구성도**

나. 전기장치부

발전기 및 기타 안정된 전력을 공급토록 하는 전력안정화 장치로 구성되어 있다.

다. 제어장치부

풍력발전기가 무인 운전이 가능토록 설정하는 것이다. 운전하는 Control System 및 Yawing & Pitching Controller와 원격지 제어 및 지상에서 시스템 상태 판별을 가능하게 하는 Monitoring System으로 구성되어 있다.

※ Yawing Control: 바람 방향을 향하도록 블레이드의 방향을 조절하는 것이다.

※ 풍력발전 출력제어방식

- Pitch Control: 날개의 경사각 조절로 출력을 능동적 제어
- Stall Control: 한계풍속 이상이 되었을 때 양력이 회전날개에 적용하지 못하도록 날개의 공기역학적 형상에 의한 제어

(4) 풍력에너지 발전시스템 분류

풍력발전기는 날개의 회전축의 방향에 따라 회전축이 지면에 대해 수직으로 설치되어 있는 수직축 발전기와 회전축이 지면에 대해 수평으로 설치되어 있는 수평축 발전기로 구분되어진다.

- 수직축은 바람의 방향에 관계가 없어 사막이나 평원에 많이 설치하여 이용 가능하지만 소재가 비싸고 수평축 풍차에 비해 효율이 떨어지는 단점이 있다.
- 수평축은 간단한 구조로 이루어져 있어 설치하기 편리하나 바람의 방향에 영향을 받는다.
- 중대형급 이상은 수평축을 사용하고, 100kW급 이하 소형은 수직축도 사용된다.

[표 3-5] 수평축 풍력시스템의 분류

구조상 분류	수평축 풍력시스템: 프로펠라형	
	수직축 풍력시스템: 다리우스형, 사보니우스형	
운전방식	정속운전: 통상 Geared형	
	가변속운전: 통상 Gearless형	
출력제어방식	Pitch(날개각) Control	
	Stall Control	
전력사용방식	계통연계(유도발전기, 동기발전기)	
	독립전원(동기발전기, 직류발전기)	

(a) 수평축 발전기

(b) 수직축 발전기

[그림 3-32] **수평축 및 수직축 발전기 모습**

가. 기어형

대부분의 정속운전 유도형 발전기기를 사용하는 풍력발전시스템에 해당되며 유도형 발전기의 높은 정격회전수에 맞추기 위해 회전자의 회전속도를 증속하는 기어장치가 장착되어 있는 형태이다.

- 증속기(Gear Box: 적정속도로 변환) 필요, 인버터(Inverter) 불필요
- 정속: 발전기 주파수를 올려 한전 계통에 적합한 60Hz 맞춤
- 대부분 정속운전 유도형 발전기 사용
- 유도형 발전기의 높은 정격회전수에 맞추기 위해 회전자의 회전속도를 증속하는 기어장치 장착
- 회전자 → 유도발전기(정전압/정주파수) → 한전 계통

[표 3-6] **기어형 풍력발전기 장 · 단점**

장점	- 저렴한 제작비용으로 고신뢰도의 동력전달계 구성이 가능함 - 장기간의 기술적 노하우와 경험을 바탕으로 신뢰도가 매우 높음 - 보편적 요소 기술로서 어느 지역에서도 설계제작이 가능한 보편 기술임 - 유지보수가 용이하며 부분품의 교체로서 쉽게 성능유지가 가능함 - 계통 연계가 간편하고 용이한 기술적 특성을 지님
단점	- 증속기어의 기계적 마모나 이에 따른 유지관리상의 문제를 야기할 수 있음 - 기계적 소음발생의 원인이며, 고장발생의 주요 원인이 될 수 있음 - 통상 전체 시스템의 운전 수명인 20년 보다 짧은 8~10년 이내의 운전 수명을 지님으로서 유지 관리 비용의 상승을 초래함 - 저출력 시 추가적인 보상회로에 의한 역률 개선이 필요하게 됨

[표 3-7] 기어리스형 풍력발전기 장·단점

장점	– 증속 기어장치 등 많은 기계부품을 제거할 수 있음 – 넛셀 구조가 매우 간단 단순해져 유지보수상의 간편성 증대 – 증속기어의 제거로 기계적 소음의 획기적 저감 – 역률제어가 가능하여 출력에 무관하게 고역률 실현가능함
단점	– 매우 크고 무거우며 제작비용이 많이 들어가는 다극형 링발전기가 필요함 – 다극형 동기발전기 공극이 외기에 노출되어 염해나 먼지 등의 부유물에 영향을 받을 수 있으며, 전기적 절연성에 있어서의 안전성 확보가 절대 필요함 – 중량이 큰 발전기를 외팔보 형태로 지지해야 하는 구조적 문제가 있음 – 장기적 입장에서 인버터 등 전력기기의 신뢰도에 대한 검증이 되지 않음 – 인버터 등 전력기기의 계통병입으로 고주파 등을 발생할 가능성이 있음

나. 기어리스형

대부분 가변속 운전동기형(또는 영구자석형) 발전기기를 사용하는 풍력발전시스템에 해당되며, 다극형 동기발전기를 사용하여 증속기어 장치가 없이 회전자와 발전기가 직결되는 direct-direct 형태이다.

- 가변속: 한전 계통 주파수와 맞지 않기 때문에 인버터 필요
- 가변속운전 동기형(또는 영구자석형) 발전기 사용
- 다극형 동기발전기를 사용하여 증속기어장치 없이 회전자와 발전기가 직결되는 direct-drive 형태임
- 발전효율 높음(단독 운전의 경우 많이 사용되나 유도발전기보다 비싸고, 크기도 큰 단점이 있음)
- 회전자(직결) → 동기발전기(가변전압/가변주파수) → 인버터 → 한전 계통

(5) 풍력에너지 발전 출력제어방식

가. Pitch Control

날개의 경사각 조절로 출력을 능동적으로 제어(경사도 조절장치는 유압으로 작동. 장기간 운전 시 유압장치실린더와 회전자 간의 기계적 링크 부분의 손상이 우려되며, 빠른 풍속 변화 시 순간적 피크발생으로 시스템 손상우려)

나. Stall Control

한계풍속 이상이 되었을 때 양력이 회전날개에 작용하지 못하도록 날개의 공기역학적 형상에 의한 제어로 고효율 발전량 생산 및 기계적 링크가 없어 유지보수 수월(피치각에 의한

능동적 출력제어가 불가능하여 과출력 가능성이 존재하며, 제동효율 또한 좋지 못하다. 복잡한 공기역학 설계 필요)

(6) 해상풍력 시스템

최근 풍력발전 기술은 그동안의 경험을 바탕으로 점차 해상풍력발전으로 바뀌고 있다. 바다 위의 풍력발전기는 육지에 비해 설치가 어렵고 비용도 많이 들어가지만 소음과 조망권 침해 등의 민원이 들어올 걱정이 없고, 육지에 비해 바람의 세기가 강하여 같은 높이의 발전기로 좀 더 큰 출력을 얻을 수 있다. 하지만 설치하더라도 유지·보수에 많은 비용이 들어가고 기기 부식이나 환경적 영향, 생태계 교란, 선박 충돌 등을 고려해야 할 사항이 한두 가지가 아니기 때문에 앞으로도 많은 연구가 필요한 상태이며 해상풍력발전시스템에 대한 연구가 다각적으로 이루어지고 있다.

(7) 풍력에너지 설치 사례

[그림 3-33] 브라질 북동부에 설치된 풍력발전터빈, 용량: 600MW

[그림 3-34] 덴마크 Horns Rev에 조성되어 있는 세계 최대 규모의 해상풍력단지

❸ 수력에너지

(1) 수력에너지 정의

인간들은 흔히 '도구를 사용하는 동물'이라고 말한다. 과거 우리 조상들은 다양한 도구를 이용하여 보다 효율적이고 편리한 생활을 영위하려는 시도를 꾸준히 해왔다. 오늘날 우리가 첨단 문명을 누리고 살고 있는 것도 이런 도구를 만들어 활용하는 인간의 능력 덕분이다. 그렇다면 인간이 발명한 수많은 도구 가운데 증기기관이 발명되기 전까지 중요한 동력장치 역

할을 해온 것에는 무엇이 있을까? 대표적으로 물의 힘을 이용한 '물레방아(수차)'를 들 수 있다. 우리나라의 수차 역사는 생각보다 상당히 오래되었다. 수차는 쉽게 말해 물의 빠른 유속 또는 물의 낙하 하는 힘을 이용해 동력을 얻는 장치이다. 수차는 용도에 따라 곡식을 찧는 제분용과 관개 및 수리용으로 구분된다. 곡식을 가는 맷돌로 쓰이거나 곡식을 빻는 방아로 쓰인다. 수차가 작동하는 원리는 물이 낙하하는 장면을 떠올리면 이해하기 쉽다.

모든 물체는 높은 곳에서 낮은 곳으로 떨어질 때 에너지가 발생한다. 이를 위치에너지라고 한다. 수차는 바로 이런 물이 낙하하는 힘의 위치에너지를 이용해 동력을 얻는 회전형 원동기인 것이다. 이런 수차가 요즘에는 전기에너지를 생산하는 수력발전소로 발전하게 되었다.

(2) 수력에너지 발전의 원리

수력발전이란 높은 곳에 위치하고 있는 하천이나 저수지의 물을 수압관로를 통하여 낮은 곳에 있는 수차로 보내어 그 물의 힘으로 수차를 돌리고, 그것을 동력으로 하여 수차에 직결된 발전기를 회전시켜 전기를 발생시킨다. 즉, 물이 가지는 위치에너지를 수차를 이용하여 기계에너지로 변환시키고, 이 기계에너지로 발전기를 구동시켜 전기에너지를 얻게 되는 것이다.

모형적으로 말하면 수력발전소는 하천을 상류에서 막아 물을 수로로 유도하고, 경사도가 낮은 곳에서 물을 하류 시켜 처음 하천과의 사이에 나타나는 수위 차를 이용한 철관에 의해 발전소이다. 이때 물을 떨어뜨려 수차를 회전시켜 발전기를 구동시키는 것이다. 이밖에 수로로 물을 유도하여 수위차를 얻는 대신 대규모의 댐을 건설하여 저수된 수위차를 이용하는 경우 혹은 둘 다 병합하는 경우 등이 있다.

[그림 3-35] **수력발전의 원리를 이용한 물레방아**

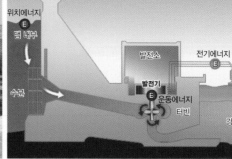

[그림 3-36] 춘천 수력발전소   [그림 3-37] 수력발전 댐의 구조

(3) 수력에너지 특징

　수력발전은 국내 부존자원인 물을 이용하여 전력을 생산하므로 무공해 청정에너지이며 발전연료 수입 대체 효과, 양질의 전력공급에 기여하고 있다. 기동과 정지, 출력조정 시간이 원자력이나 화력 등 기타 전력설비에 비해 빠르기 때문에 부하변동에 대한 속응성이 우수하므로 첨두부하를 담당하여 양질의 전력공급에 기여하고 있다.

　수력발전소는 외부의 전원 없이 자체 기동이 가능하며 짧은 시간 내에 전출력까지 송전할 수 있으므로 전 지역 광역정전 또는 일부 지역 정전 시 인접한 계통으로부터 수전이 불가능하거나 수전에 30분 이상 소요될 때에는 정전된 지역 내의 자체 기동 발전소를 가동하여 전력 계통에 전력을 공급한다. 이렇게 수력발전은 계통 속응성을 활용하여 원자력 및 석탄 화력의 대용량기가 불시에 고장으로 계통 탈락하는 등 계통 사고 시에 대비한 상시대기 예비력으로 운용되어 전력 계통 공급신뢰도 향상에 기여하고 있다.

[표 3-8] 수력에너지 발전시스템 장·단점

장점	– 설비의 운전절차가 간단 – 공해가 없고 운전비용이 저렴 – 수자원 관리가 가능
단점	– 건설시간이 길고 비용이 높음 – 건설지역이 한정됨 – 환경을 파괴시킬 수 있음 – 수요자에게 멀어 전력손실이 높음

(4) 수력에너지 분류

가. 낙차에 의한 분류

수력발전소는 낙차에 따라 규모, 발전기, 취수 방법 등이 달라진다. 최근에는 저낙차를 이용한 수차의 개발에 많은 관심을 보이고 있으며 낙차 높이에 따라 다음과 같이 구분한다.

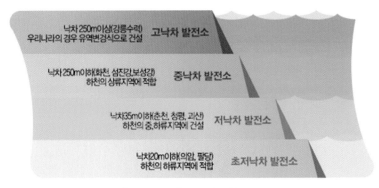

[그림 3-38] 낙차에 의한 분류

나. 취수 방법에 따른 분류

① 수로식 발전소

경사가 급하고 굴곡이 심한 하천의 굴곡부 상류 측에서 완만한 경사의 직선 수로를 설치하여 발전하는 방식으로 하류 측에서 비교적 짧은 거리에 큰 낙차를 얻을 수 있다. 한편 하나의 하천이 상류 측에서 타 하천으로 접근하면서 표고가 높은 위치를 흐르고 있는 지형에서는 분수령을 관통하여 낮은 쪽에 있는 다른 하천으로 새로운 수로를 설치하여 연결시키는 유역 변경식이 유리하다.

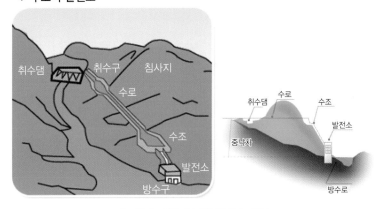

[그림 3-39] 수로식 발전소 구조

② 댐식 발전소

하천 본류에 커다란 댐을 가로막아 댐의 상·하류에 생기는 수위차를 이용하여 발전하는 방식으로서 계절에 관계없이 하천유량의 변화를 평균화할 수 있어 홍수조절, 관개용수 등 다목적 댐으로 이용되기도 한다. 우리나라의 대부분의 댐은 이와 같은 방식이다.

◆ 댐식 발전소

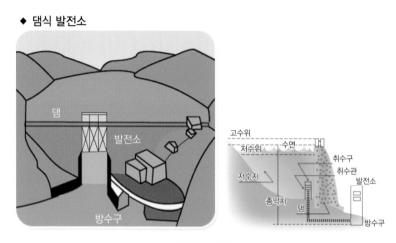

[그림 3-40] 댐식 발전소 구조

③ 댐수로식 발전소

댐식과 수로식의 기능을 혼합한 것으로 하천의 중·상류지역에 적합하다. 하천이 완만한 경사로부터 급한 경사로, 또한 굴곡이 많은 하천 유로로 바뀌는 지점에 설치되는 댐으로부터 수로로써 물을 취수하여 댐과 수로의 낙차를 함께 이용하여 발전하는 방식이다.

◆ 댐수로식 발전소

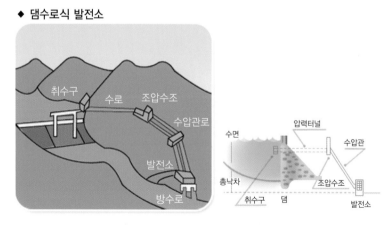

[그림 3-41] 댐수로식 발전소 구조

④ 유역변경식 발전소

유역변경식은 2개의 하천이 서로 근접해있으면, 두 하천의 높낮이를 이용하여 높은 쪽 하천의 물 일부를 낮은 쪽 하천으로 끌어들이는 방식이다. 즉, 댐을 막은 다음 산지에 도수 터널을 뚫고, 이 터널을 통해 댐의 물 일부를 반대편에 있는 낮은 쪽 하천으로 끌어들여 발전하는 방식을 일컫는다. 주로 강이 하류는 반대편의 산지가 급경사를 이루는 경동성 지형에 많이 건설된다. 또 같은 하천이라도 굴곡되어 있는 기점을 선정한 다음 비교적 단거리에서 낙차를 이용하여 발전하는 유역변경식 발전도 있다.

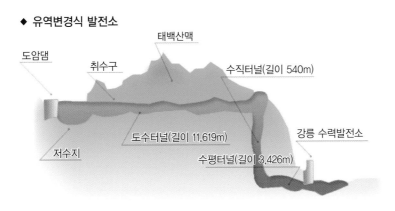

[그림 3-42] 유역변경식 발전소 구조

⑤ 양수발전소

양수발전의 원리는 물이 갖는 위치에너지를 기계에너지로 변환하는 수력발전소 위에 댐하나를 더 설치해 전력 여유가 있을 때 물을 끌어올려 저장에너지로 비축해두고 필요한 시간에 이를 적절히 사용하는 것이다. 다시 말해 저수지를 상부와 하부 양쪽에 두고 전력 사용이 적은 밤이나 강수량이 많은 여름철에 양수 펌프를 가동하여 아래쪽 저수지의 물을 위쪽 저수지로 끌어올린 뒤, 전력이 많이 필요한 낮 시간에 방수해 발전하는 방식이다.

이렇게 발전원의 여유전력을 위치에너지로 변환시켜 전기를 저장하는 양수발전은 막대한 전력이 수요되는 여름철에 자체 기동발전을 해서 다른 발전소에 최초로 전력을 공급해주는 중요한 역할을 하게 된다. 또한 대용량 화력발전소나 원자력발전소의 출력 변동으로 인한 기기의 수명단축을 보완해주는 수단이 되기도 한다.

양수발전기는 하부 저수지의 물을 상부저수지로 끌어올릴 때 많은 전력을 사용하게 된다. 하지만 이 과정은 주로 심야에 값싼 전력을 이용해서 이뤄지기 때문에 결과적으로는 훨씬 경제적이고 운용효율도 높은 방법이다. 또한 다른 에너지원의 발전시설보다 기동성이 우수해 긴급 부하변동으로 정전 등 예기치 못한 상황이 발생했을 때도 신속한 대처가 가능하므로 양질의 전력을 안정적으로 공급할 수 있는 장점이 있다.

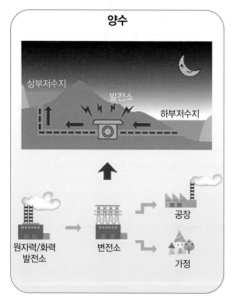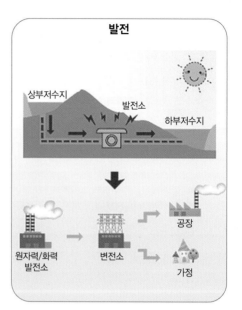

[그림 3-43] **양수발전소 원리 및 구조**

다. 운용방식에 따른 분류

① 유입식 발전소

발전소 소정의 최대 사용수량의 범위 내에서 하천의 자연유량을 인공적으로 아무런 조절을 가하지 않고 그대로 발전에 이용하는 발전소이다.

② 저수지식 발전소

계절적인 하천의 유량변화를 조정할 수 있는 대용량의 저수지를 가진 발전소이다.

③ 조정지식 발전소

수로의 도중 또는 취수구 앞에 조정지를 설치해서 하천으로부터의 취수량과 발전에 필요한 수량과의 차를 이 조정지에 저수하거나 또는 방출함으로써 수 시간 또는 수일간에 걸친 부하 변동에 대응할 수 있게 한 발전소이다.

(5) 수력에너지 설치 사례

[그림 3-44] 청평 수력발전소

[그림 3-45] 이타이푸 수력발전소

❹ 해양에너지

지구의 75 %에 달하는 해양에는 여러 형태의 많은 에너지 자원이 존재한다. 다른 에너지와 마찬가지로 해양에너지는 화석연료의 사용에 의한 환경오염 및 자원고갈 문제를 극복할 수 있는 청정 재생에너지 자원이지만, 해양 개척의 어려움으로 인해 상대적 미개척 영역이 많이 있다. 그러나 해양공학 기술의 발전에 따라 여러 어려움 극복을 통해 새로운 대규모 청정에너지 자원으로 각광받고 있다.

(1) 해양에너지 정의

통상적으로 해양에너지는 해양에서 발생하는 모든 에너지 자원을 뜻한다. 하지만 해상풍력은 해양에너지보다는 풍력에너지 분야로, 해양바이오는 바이오에너지 분야로 분류하기 때문에 협의의 해양에너지에는 조력, 조류, 파력, 온도차 및 염도 차만을 포함시키고 있다. 하지만 육상풍력발전장치 설치에 필요한 적지 부족과 대용량 풍력단지 조성의 한계로 인하여 해상에 설치하기 시작한 해상풍력은 대형구조물 산업이라는 측면에서 조선해양산업과 매우 밀접하며, 해상풍력에서 고정식 혹은 부유식 하부구조물의 설계를 위하여 해양환경과 해양플랜트 산업에 대한 이해는 대단히 중요하게 되었다. 이에 더불어 풍력의 에너지 변동성을 보완하고 초기 설비투자비를 최적화하기 위하여 각종 에너지원을 복합적으로 결합하는 에너지 복합발전 추세에 따라 전통적인 해양에너지와 해상풍력의 만남은 필연적인 것이 되었다.

[그림 3-46] **해양에너지의 발전 종류**

가. 조력발전

　조력발전이란 조석을 동력원으로 하여 해수면의 상승하강현상을 이용, 전기를 생산하는 발전방식으로 일정 중량의 부체가 받는 부력을 이용하는 부체식, 조위의 상승하강에 따라 밀실에 공기를 압축시키는 압축공기식 그리고 방조제를 축조하여 해수저수지, 즉 조지를 조성하여 발전하는 조지식으로 나눌 수 있다.

　오늘날의 실용화된 조력발전방식은 조지식으로, 강한 조석이 발생하는 큰 하구나 만에 방조제를 설치하여 조지를 만들고 외해 수위와 조지 내의 수위차를 이용하여 발전을 하게 된다. 조지식 조력발전은 일반적으로 조지의 수에 따라 단조지식과 복조지식으로 구분되며, 조석의 이용 횟수에 따라 단류식과 복류식으로 나뉜다.

　단류식은 조지 내의 수위가 외해 수위보다 높을 때 해수를 내보내면서 발전하는 낙조식 단류발전과 외해 수위가 조지 내의 수위보다 높을 때 해수를 채우면서 발전하는 창조식 발전으로 나뉘며, 복류식은 낙조와 창조를 함께 이용하는 방식이다. 댐 건설로 인한 해양환경 변화 문제 등으로 다소 논란의 여지가 있지만 경제성 측면에서 만큼은 어느 청정에너지보다도 우수하다는 평가를 받고 있는 에너지원이다.

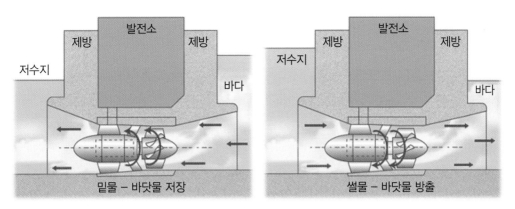

[그림 3-47] 밀물 및 썰물을 이용한 해양 조력발전

나. 조류발전

조력발전이 조력댐을 만들고 조지와 외해 사이의 낙차를 이용하여 발전하는 것과는 달리 조류발전은 조류의 흐름이 빠른 곳을 선정하여 그 지점에 수차발술을 해양온도차발전(OTEC)이라 한다. 해수온도차발전 시스템은 작동유체로 저온 비등 냉매를 사용하는 폐순환 시스템과 저압의 증발기를 이용하여 온수 자체를 작동유체로 사용하는 개방순환 시스템으로 구분되며, 혼합순환 시스템이 사용되기도 한다. 전기를 설치하고 자연적인 조류의 흐름을 이용하여 설치된 수차발전기를 가동시켜 발전하는 기술이다.

해양에 대규모 댐을 건설할 필요 없이 발전에 필요한 수차와 발전장치를 설치하기 때문에 비용이 적게 드나, 조류가 빠른 지역에 발전장치를 설치해야 하기 때문에 적지 대상 해역이

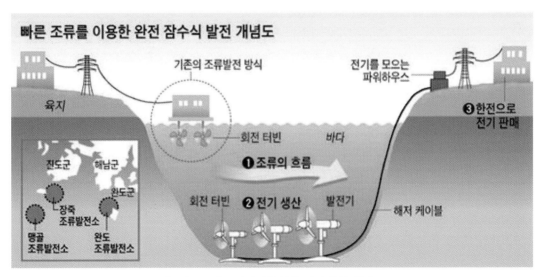

[그림 3-48] 조류발전을 통한 전기 생산 개념도

제한적이며 조력발전과 같은 대규모의 적용이 어렵다. 조류발전의 큰 장점은 날씨 변화나 계절에 관계없이 발전량 예측이 가능하여 신뢰성 있는 에너지원으로 활용이 가능하다. 또한 해수유통이 자유롭고 해양환경에 미치는 영향이 거의 없어 조력발전보다 더 환경 친화적인 것으로 간주된다. 조류발전 터빈은 터빈의 회전 방향에 따라 수평축 터빈과 수직축 터빈으로 분류되며, 수평축인 경우 일방향 흐름으로 하천과 같이 일정한 흐름을 유지하는 경우에 유리하고, 수직축인 경우는 조류와 같이 흐름의 방향이 변하는 경우에 유리하다. 일반적으로 조류발전은 유속이 1 m/s 내외인 곳에서도 가능하나 경제성 있는 발전을 위해서는 최소한 2 m/s 이상인 곳을 후보지로 선정한다.

다. 파력발전

파력발전은 파랑의 운동 및 위치에너지를 이용하여 터빈을 구동하거나 기계장치의 운동으로 변환하여 전기를 생산하는 기술로 파고가 높고 파주기가 긴 해역이 적지로 평가된다. 파력발전은 에너지 변환원리에 따라 가동물체형, 진동수주형, 월파형 방식이 적용되고 있으며, 설치 형태에 따라서 착저식(또는 고정식)과 부유식으로 구분하기도 한다.

가동물체형은 수면의 움직임에 따라 민감하게 반응하도록 고안된 여러 형태의 기구를 사용하여 파랑에너지를 물체에 직접 전달하고, 이때 발생하는 물체의 움직임을 전기에너지로 변환하는 방식으로 파력발전의 가장 오래된 형태이다. 진동수주형 파력발전은 파랑에너지를 공기의 흐름으로 변환하고, 발생된 공기의 흐름 중에 터빈을 위치시켜 전기를 얻는 파력발전 방식이다. 입사파가 장치의 전면에서 반사되어 중복파가 형성되고, 이때 발생하는 수

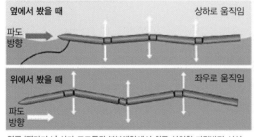

파력발전 시설 작동원리

옆에서 봤을 때   상하로 움직임

파도 방향

위에서 봤을 때   좌우로 움직임

파도 방향

영국 '펠라미스' 사가 포르투칼 북부해안에서 최근 설치한 파력발전 시설. 길이 150m, 직경 3.5m 크기의 원통형 발전장치로 뱀처럼 생긴 이 설치물에 파도가 치면 펴졌다 접혔다를 반복하여 에너지를 만든다.

[그림 3-49] 파력발전 시설 작동원리

면의 상하 움직임이 장치 전면의 개구부를 통해 공기실 내로 전달되어 공기실 안의 공기가 압축 · 팽창을 반복하게 되면, 이에 의해 공기실 상부 노즐분에 공기의 흐름이 발생하게 된다. 월파형 파력발전은 파랑의 진행 방향 전면에 사면을 두어 파랑에너지를 위치에너지로 변환하여 저수한 후 형성된 수두차를 이용하여 저수지의 하부에 설치한 수차터빈을 돌려 발전하는 방식이다. 2006년까지 세계적으로 실해역 실증이 이루어진 총 52개 파력발전장치의 변환원리별 분포를 살펴보면, 진동수주형 12개, 월파형 3개, 가동물체형에 속하는 장치 32개 및 기타 5개로 아직까지는 가동물체형이 다수를 차지함을 알 수 있다.

라. 온도차 발전

다음 그림을 보면 바다의 수직적인 온도 분포가 위도에 따라 고위도 · 중위도 · 저위도 특유의 수직분포를 하고 있음을 알 수 있다. 특히 저위도와 중위도의 온도분포에는 앞서 수심이 깊어짐에 따라 온도가 급격하게 차가워지는 모습을 보이며, 이를 영구 '수온약층'이라고 부른다. 그리고 약 1,000여 미터 이하의 깊이에 이르면 심해는 온도가 섭씨 3~4도 이하의 찬물로 가득 차 있는 것을 알 수 있다. 이는 이들 해수가 찬 고위도의 해수가 가라앉아 이곳으로 이동하여 왔음을 알려주고 있다.

우리나라의 동해는 온도의 분포 모습에서 볼 때, 유리한 특성을 가지고 있다. 울릉분지에서 관측한 수심에 따른 온도 분포를 보면 불과 300~400 m 이하로 내려가도 온도가 1도 이하로 내려가 있는 것을 보여준다. 동해 북부 러시아 연해의 거의 0도에 가까운 물이 가라앉아 남쪽으로 내려와 수백 미터이하의 동해 바다를 채우면서 매우 얕은 수백 미터의 깊이에 매우 온도차가 큰 수온약층을 형성하고 있기 때문이다. 이런 유리한 특성을 이용하여 우리나라 동해바다에서도 앞으로 수심에 따른 온도차를 이용한 전력생산이 시도될 것으로 전망

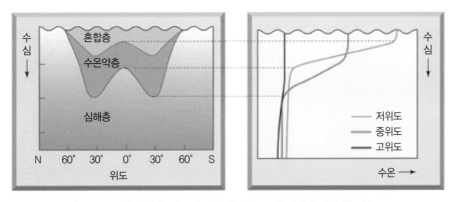

[그림 3-50] 바닷속 위도에 따른 온도분포 및 깊이에 따른 온도분포

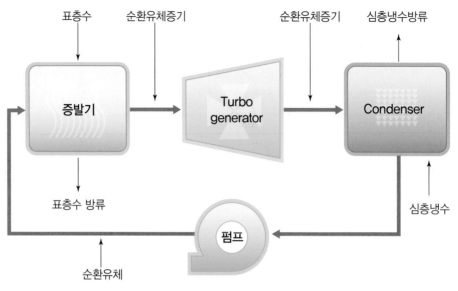

표층수   순환유체증기   순환유체증기   심층냉수방류

증발기 → Turbo generator → Condenser

표층수 방류   심층냉수

펌프

순환유체

[그림 3-51] 해양 온도차 발전 모식도

이 되고 있다.

(3) 해양에너지 특징

해양에너지는 다른 재생에너지와 마찬가지로 무한한 에너지 공급이 가능하다. 또한 이산화탄소와 같은 유해물질의 발생이 없는 청정자연에너지란 점에 가장 큰 장점을 갖고 있다.

[표 3-9] 해양에너지 발전 설비별 장·단점

		장점	단점
해양 에너지	조력발전		
		깨끗함 무한한 자원 에너지 공급량이 규칙적	수몰 지역 발생 해안 생태계에 영향 시설규모가 크다
	파력발전		
		깨끗함 무한한 자원 장소에 제약이 없음	발전량에 비해 시설비가 비쌈 에너지 밀도가 작음 소비자와의 거리가 멀다
	해양온도차 발전		
		깨끗함 무한한 자원 소규모 발전 가능	소비자와의 거리가 멀다 에너지 밀도가 작음 시설비가 비쌈

주간, 야간 구별 없이 전력생산이 가능한 안정적인 에너지원으로, 특별한 저장시설이 필요 없으며 계절적인 변동을 사전에 감안해 계획적인 발전이 가능한 우수한 자원이다. 하지만 단점도 있다. 바로 발전설비를 바닷물의 부식성에 영향을 받지 않는 재료를 이용하여 만들어야 한다. 또한 생물에 의해 생기는 오염을 막기 위한 대책이 필요하다. 이러한 이유로 실제 설비 시 많은 양의 초기비용이 사용되며, 고장에 따른 수리비용 또한 많이 사용된다.

(4) 해양에너지 설치 사례

[그림 3-52] 울돌목 조류발전 시스템 조감도   [그림 3-53] 우리나라 조력발전소 설치 사례

❺ 바이오에너지

(1) 바이오에너지 정의

바이오에너지란 식물유기물 및 동물유기물 등을 열분해하거나 발효시키면 메탄 또는 에탄올, 수소와 같은 액체·기체의 연료를 얻을 수 있는데, 이러한 모든 생물유기체(바이오매스)를 통해 얻을 수 있는 에너지를 말한다. 옥수수·보리·콩과 같은 곡물이나 나무·볏짚·사탕수수 등의 식물이 이용된다. 바이오에너지는 옥수수·사탕수수·감자 등 곡물이나 나무·볏짚 등의 식물체의 당분을 발효시켜 만드는 바이오에탄올과 대두유·팜유·폐식용유 등에서 식물성 기름을 추출해 만드는 바이오디젤, 음식물 쓰레기·축분·동물체 등을 발효시킬 때 생성되는 메탄가스와 같은 바이오가스가 대표적이다. 바이오에탄올은 휘발유에, 바이오디젤은 경유연료에 섞어 사용할 수 있어 차량 연료 대체 에너지로 활용되고 있다.

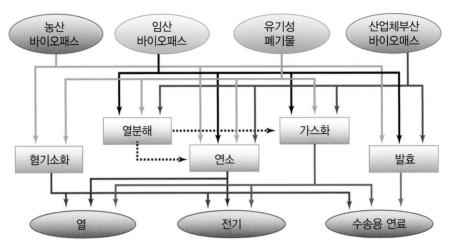

[그림 3-54] **바이오에너지 기술의 개요**

> ### 📑 바이오매스란?
>
> – 태양에너지를 받은 식물과 미생물의 광합성에 의해 생성되는 식물체 · 균체와 이를 먹고 살아가는 동물체를 포함하는 생물 유기체를 말한다.
> – 바이오매스 자원은 곡물, 감자류를 포함한 전분질계의 자원과 초본, 임목과 볏짚, 왕겨와 같은 농수산물을 포함하는 셀룰로오스계의 자원과 사탕수수, 사탕무과 같은 당질계의 자원은 물론 가축의 분뇨, 사체와 미생물의 균체를 포함하는 단백질계의 자원까지를 포함하는 다양한 성상을 지녔다.
> – 이들 자원에서 파생되는 종이, 음식찌꺼기 등의 유기성폐기물도 포함된다.

(2) 바이오에너지 원리

바이오에너지는 직접 연소해서 사용하는 것 외에 열분해, 부분 산화에 의하여 가스화하거나 미생물에 의한 발효작용으로 메탄과 에탄올을 얻을 수 있다. 메탄올과 에탄올 같은 알코올은 취급하기가 쉽고 연소효율과 환경특성 면에서 매우 우수한 석유 대체 연료의 하나이다. 메탄올은 천연가스, 석유로부터 개조할 수 있는 것 외에 석탄과 중질유의 가스로도 합성된다. 현재 석탄으로부터 메탄올의 제조는 경제적인 석탄가스화 기술개발과 비교적 싼 석탄자원의 확보가 과제이다.

[그림 3-55] 바이오에너지 기본 원리

(3) 바이오에너지 특징

　농림부산물과 유기성 폐기물 등으로 대표되는 바이오매스로부터 생산 가능한 바이오에너지는 열 또는 전기를 생산하는 태양광, 풍력, 태양열, 지열 등 다른 재생에너지원과 달리 수송용 연료로도 활용이 가능하여 석유 자원 고갈과 지구 온난화 문제에 가장 실질적으로 대응할 수 있는 재생에너지원이다. 즉 바이오매스(식물)는 계속 자라거나 생성되므로 석유나 석탄과 같이 한 번 사용하면 없어지는 화석에너지와는 달리 재생성을 가져 자원의 고갈 문제가 없다. 그 뿐만 아니라 바이오에너지를 사용하면서 발생한 이산화탄소는 식물이 자라면서 광합성에 의해 흡수하므로, 대기 중으로 이산화탄소 배출효과는 크지 않기 때문에 국제 사회에서는 지구 온난화 대처에 도움이 되는 에너지로 인정하고 있다.

- 태양에너지의 우수한 저장 시스템으로 재생가능한 자원이다.
- 석유와 같이 편재된 것이 아니라 어느 지역에서도 이용 가능하다.
- 탄화수소계 연료가 얻어져 석유를 직접 대체할 수 있다.
- 환경적으로 깨끗한 에너지로 공해가스 배출 염려가 없다.

[표 3-10] 바이오에너지의 장 · 단점

장 점	단 점
풍부한 자원과 큰 파급효과	자원의 산재(수집, 수송 불편)
환경 친화적 생산 시스템	다양하나 자원에 따른 이용 기술의 다양성과 개발의 어려움
환경오염의 점검(온실가스 등)	과도 이용 시 환경파괴 가능성
생성에너지의 형태가 다양(연료, 전력, 천연화학물 등)	단위 공정의 대규모 설비투자

[표 3-11] 바이오에너지 기술의 분류

대분류	중분류	내용
바이오액체 연료 생산기술	연료용 바이오에탄올 생산기술	당질계, 전분질계, 목질계
	바이오디젤 생산기술	바이오디젤 전환 및 엔진적용 기술
	바이오매스 액화기술	바이오매스 액화, 연소, 엔진이용 기술
바이오매스 가스화기술	혐기 소화에 의한 메탄가스화 기술	유기성 폐수의 메탄가스화 기술 및 매립지 가스 이용 기술(LFG)
	바이오매스 가스화기술	바이오매스 열분해, 가스화, 가스화발전 기술
	바이오 수소 생산기술	생물학적 바이오 수소 생산기술
바이오매스생산, 가공기술	에너지 작물 기술	에너지 작물 재배, 육종, 수집, 운반, 가공 기술
	생물학적 CO_2 고정화기술	바이오매스 재배, 산림녹화, 미세조류 배양기술
	바이오 고형연료 생산, 이용기술	바이오 고형연료 생산 및 이용기술(왕겨탄, 우드칩 등)

■ 다른 석유 대체 에너지에 비해 손쉬운 기술에 의해 이용 가능하다.

■ 에너지 자원으로서 뿐만 아니라 여러 가지 유용한 물질을 얻을 수 있다.

(4) 바이오에너지 종류

가. 고형 연료화 기술

과거 우리나라에서는 신탄 또는 왕겨탄 등 고형 바이오 연료가 가정, 식당 등 개별 소비처에서 주로 활용된 바 있다. 이러한 고형 바이오 연료는 과거에는 생산된 목재로 했지만 임산자원이 풍부한 북구의 여러 국가들(예를 들어 핀란드, 스웨덴 등)에서는 조림에 의해 생산

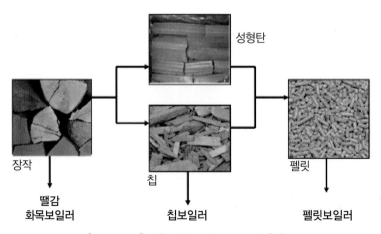

[그림 3-56] 고형 바이오 연료 종류 및 활용

된 목재를 장작으로 활용하였다. 그러나 보일러 기술이 발전하면서 고형 바이오 연료도 칩(Chip)에서 펠렛 또는 성형탄의 형태로 가공하여, 보일러 연료로 활용하는 방향으로 기술개발이 이루어지고 있다. 생산된 고형 바이오 연료는 CO_2 감축과 고유가가 중요 관심사가 되면서 우리나라에서는 가정 및 화훼 농가 등을 중심으로 보일러 연료로 활용이 점차 활성화되고 있다. 또한 미국, 독일 등 여러 선진국에서는 미활용 임산 폐기물뿐만 아니라 도시에서 배출되는 폐목재 등을 펠렛화하여 석탄 화력발전소에서 석탄과 함께 사용하는 혼소 기술도 개발하여 적용하고 있다.

나. 열분해 기술

열분해 기술은 고형 연료를 공기가 희박한 조건에서 열분해, 가스화하여 가스 연료를 생산하는 기술이다. 생산된 가스는 열과 전기를 동시에 생산하는 열병합 발전에 사용되거나 응축하여 액상 연료로도 사용 가능하다. 열병합 발전 기술의 경우 상용화되었으나 액상 연료로 활용하는 기술은 현재 파일럿 연구를 완료하고 실용화 시작 단계에 있다.

다. 메탄 생산기술

유기성 폐기물은 공기가 없는 혐기조건에서 미생물에 의해 분해되어 메탄이 주성분인 바이오가스를 생성한다. 이러한 혐기소화 공정은 에너지를 생산할 수 있을 뿐만 아니라 유기성 폐기물의 감량화 효과가 높아 우리나라와 같이 폐기물 처리 부지의 확보가 어려운 지역에서 특히 유용한 기술이다. 유기성 폐기물의 혐기소화 공정은 불순물 제거를 위한 전처리, 사전 조정단계, 메탄으로 전환되는 소화조 등 3단계로 구성된다. 이후 바이오가스는 열 또

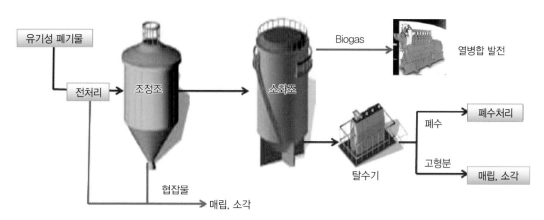

[그림 3-57] 유기성 폐기물의 바이오가스 전환 공정도

는 전기생산에너지로 활용된다. 메탄을 생산하고 남은 잔류물은 퇴비로 활용되거나 매립, 소각 처리된다.

라. 수송용 연료 생산 기술

다른 신재생에너지원이 갖지 못하는 바이오에너지의 고유 특성이 바로 수송용 연료로 전환이 가능하다는 점이다. 즉 바이오매스로부터 만들어지는 바이오 연료는 현재 차량에서 연료로 사용이 가능하며 실제 바이오에탄올, 바이오디젤과 EtBE 등이 이미 보급 중이다.

> ### EtBE(Ethyl tertiary Butyl Ether)란?
> - 연료 중의 산소 함량을 높이기 위해 사용되는 첨가제의 일종

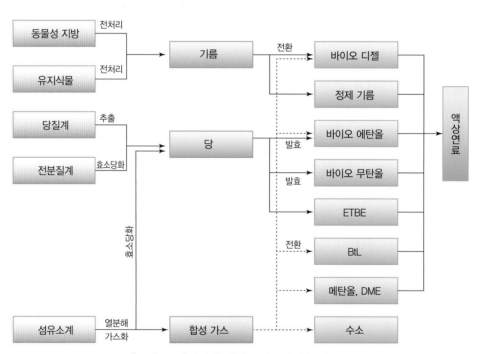

[그림 3-58] **수송용 바이오 연료의 기술 계통도**

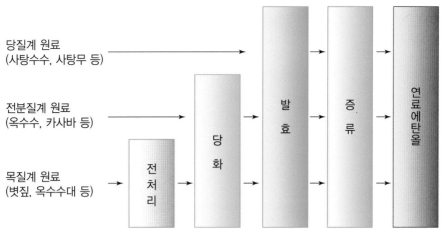

[그림 3-59] **원료별 바이오 에탄올 생산 기술**

① 바이오 알코올

휘발유와 혼합 또는 대체 사용 가능한 연료인 바이오 알코올에는 바이오 에탄올과 바이오 부탄올 등이 있으며 당을 포함하는 바이오매스로부터 생산이 가능하다.

② 경유 대체 바이오 연료

경유 대체 친 환경연료로 주목받고 있는 바이오 디젤도 기름을 포함한 유지계 바이오매스로부터 생산이 가능하다. 동 · 식물성 기름을 알코올과 촉매를 넣고 반응시키면 바이오 디젤이 만들어진다.

③ 해양 바이오 연료

최근 해양 바이오매스를 활용하여 바이오 연료를 생산하는 기술 개발이 진행되고 있다. 해양 바이오 연료 기술은 크게 식물성 플랑크톤인 미세조류를 활용하는 기술과 홍조류, 다시마 등의 해조류를 활용하는 기술로 분류 가능하다.

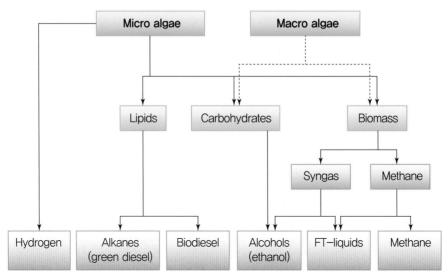

[그림 3-60] 해양 바이오 연료 기술 체계도

(5) 바이오 항공유

기후변화 문제 해결을 위해 항공 부문에서의 CO_2 감축 필요성이 대두됨에 따라 국제사회의 규제 및 대응 움직임이 활발히 진행되고 있다.

① EU는 항공 부문에서의 CO_2 감축을 위해 EU 영공을 통과하는 모든 항공기에 대해 탄소세 부과 정책을 검토 중이다(EU business, 2013).

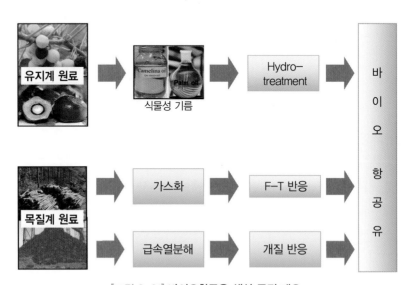

[그림 3-61] 바이오항공유 생산 공정 개요

② UN산하기구인 국제민항기구(ICAO)에서도 2020년까지 항공 부문의 탄소세 도입 방안을 마련 중이다.

③ 미국 연방항공청(FAA)은 2018년까지 10억 갤런/년 바이오항공유 보급 목표를 설정 중이다(Partner Project report, 2013).

④ 국제 사회의 항공 부문에 대한 CO_2 규제 움직임이 가시화됨에 따라 주요 항공사들은 바이오항공유 적용 시험 비행을 완료하였다.

(6) 바이오에너지 설치 사례

전주 바이오에탄올 생산 플랜트

군산 목재 펠릿 제조 설비

경기 이천 축산분뇨 가스화 시설

축산분뇨 가스화 발전설비(혐기조화조)

[그림 3-62] 바이오에너지 설치 사례

❻ 지열에너지

(1) 지열에너지 정의

지열에너지는 지구가 가지고 있는 열에너지를 지칭한다. 지열에너지의 근원은 지구 내부에서 우라늄, 토륨, 칼륨 같은 방사성 동위원소의 붕괴열(약 83 %) 그리고 지구 내부 물질에서 열의 방출(약 17 %)로 이루어지며, 지표에서 느껴지는 지열의 약 40 %는 지각에서 방출되는 것으로 추정되고 있다. 지표에서 지하로 내려갈수록 온도는 상승하는데, 지하 10 km 까지의 평균 온도증가율은 약 25~30℃/km이다. 한편, 지구 내부에서 맨틀대류에 의한 판의 경계에서는 100℃ 이상의 고온 지열지대가 존재하며, 따라서 대부분의 지열발전소는 판의 경계에 위치하고 있다. 이러한 지열에너지는 온도에 따라 중·저온(10~90℃) 지열에너지와 고온(120℃ 이상) 지열에너지로 구분할 수 있다.

지열에너지 활용기술은 크게 149℃ 이하의 지열수를 이용하는 직접이용기술과 150℃ 이상의 지열 유체(증기 및 지열수)를 이용하는 간접이용기술로 나눌 수 있다. 직접이용기술

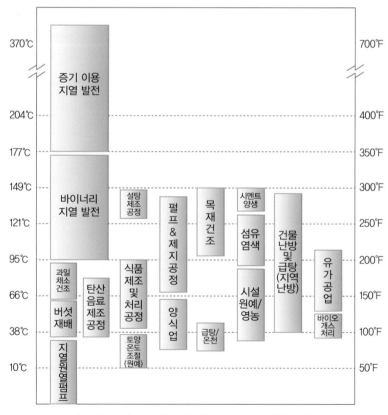

[그림 3-63] **지중 온도에 따른 지열에너지 활용 기술**

은 화산활동 지대에서 자연스럽게 얻을 수 있는 지열수를 이용하는 방법으로, 주로 지역난방, 온실난방, 농산물 건조, 산업이용, 온천 등에 이용된다. 또한 지열수를 이용한 바이너리(binary) 발전으로 전기 생산도 가능하다. 바이너리 발전은 지하의 열이 낮아 증기를 생산하기에 불충분한 경우에 사용되는데, 열 교환기를 통해 고온수가 지상으로 끌어올려지면 물보다 끓는점이 낮은 이차용액이 기체화되어 터빈을 돌리는 방식이다.

지열 냉·난방 시스템은 일반 냉동기와 같이 냉매를 '압축 → 응축 → 팽창 → 증발'시키는 사이클로 운전되며, 냉매를 기화시키기 위한 증발 과정에 지열, 공기열, 물 등에 함유된 저밀도의 열을 이용한다. 또한 압축기에서 압축된 고온, 고압의 가스화된 냉매(70℃~90℃)가 응축기를 통과할 때 획득된 열을 난방으로 이용하고, 그 증발과정에서 이용한 지열, 공기열, 물 등 저밀도에너지는 냉방으로 이용하는 시스템이다.

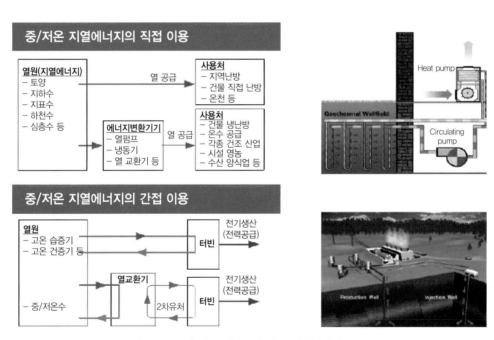

[그림 3-64] 최종 생산물에 따른 지열에너지 분류

(2) 지열에너지 원리(예를 들어, 지열 냉·난방 시스템)

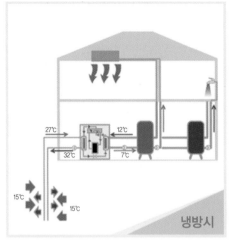
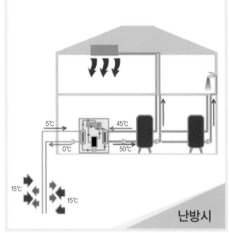

외부의 뜨거운 열을 땅속으로 방출하고
열펌프를 이용하여 실내를 시원하게 합니다.

땅속으로부터 열을 흡수하고 열펌프를
이용하여 실내를 따뜻하게 합니다.

[그림 3-65] **지열 냉·난방 시스템 모습**

 계절별 냉·난방 시스템

- 겨울철(난방, 온수)
  - 난방: 지중 열교환기를 통해 히트펌프에서 열을 흡수하고, 그 흡수한 열이 히트펌프를 통하여 축열 탱크에 저장되고, 저장된 난방 수를 실내 온도에 맞게 순환시켜 실내를 난방한다.
  - 온수: 지열 전기를 이용하여 온수 축열탱크의 전기 히터 코일을 장치하여 저장탱크에 물을 가열하여 온수로 사용한다.
- 여름철(냉방)
  - 뜨거운 열을 지중 열교환기를 통해 방출하고 지중에 차가운 냉기를 히트펌프를 통하여 실내 펜코일에 연결하여 여름철 냉방을 한다.

(3) 지열에너지 특징

지열에너지는 모든 면에서 청정에너지라 할 수 있으나 열수 자체가 가지고 있는 가스의 성분, 염류 등으로 인한 주변 환경에 대한 문제와 지하수의 이동으로 야기될 수 있는 지반침전, 지진 등의 발생 우려가 있다. 자연에너지의 이용이라는 측면에서 이용 가능한 에너지의 규모와 에너지 전환율이 매우 크다는 이점을 가지고 있으며 전기사업용과 같은 대규모 프랜트에도 적용이 가능하다.

① 일반적으로 지열원은 땅속 깊숙이 존재
   - 지리학상 정상적인 지역에서 경제성 있는 적당한 온도(약 300℃ 이상)를 얻기 위해서는 약 10 km 정도의 깊이가 필요하다.
   - 통상 지열대에서는 지하 1~2 km에서 온도가 100~200℃ 압력 5~10 kg/㎠을 얻을 수 있다.
② 지하에서 분출하는 증기가 과열증기 단독으로 얻어지는 경우는 특수한 경우이고, 일반적으로 저압저온의 증기와 열수의 혼합체로 얻어진다.
③ 지열증기 중에는 각종 무기물질이 포함되어 있어 관련 설비에 스케일이나 부식을 일으킬 우려가 있다. 또한 각종 부식성가스 및 불응축성가스가 포함되어 있어 주변의 공기나 물을 환경적으로 오염시킬 우려가 있다.
④ 수력, 화력, 원자력 발전 방식보다 훨씬 경제적이다.

📑 지열발전설비의 특징

- 지열 증기조건을 개선하기 위한 기수분리장치, 가스분리장치 등이 필요하다.
- 증기조건이 저압, 저온으로 일반 화력보다 질이 떨어지므로 터빈의 규모가 커지며 효율이 낮다.
- 증기 성분에 가스, 불순물 등 부식을 촉진할 수 있는 물질이 혼입되어 있어 발전소 증기계통에는 내·부식성 재료가 필요하다.
- 일반적으로 지열에너지를 확보할 수 있는 장소가 대규모 하천과는 격리된 장소이기 때문에 복수기를 사용할 수 있는 다량의 냉각수 확보가 곤란하므로 냉각탑이 필요하다.
- 지하의 증기를 직접 사용하는 경우에 설비 구조가 간단하다.

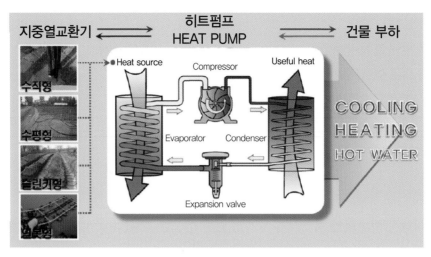

[그림 3-66] 지열 히트펌프 시스템 개략도

(4) 지열에너지 종류

가. 지열 열펌프 시스템

지열 열펌프 시스템은 지중열교환기를 순환하는 열매체(물, 부동액, 지하수 등)를 열펌프의 열원으로 활용하여, 냉방 시에는 건물 내의 열을 지중으로 방출하고 난방과 급탕 시에는 지중의 열을 실내와 온수에 공급한다. 하나의 시스템으로 냉난방과 급탕을 동시에 구현할 수 있으며, 냉방과 난방 모드에서 각각 히트싱크와 열원의 역할을 하는 지중 온도는 연중 안정적이기 때문에 높은 효율과 우수한 성능을 갖는다.

나. 지열발전

지열발전은 지하의 고온층에서 증기나 열수의 형태로 열을 받아들여 발전하는 방식을 말한다. 지열은 지표면의 얕은 곳에서부터 수 km 깊이의 고온의 물(온천)이나 암석(마그마) 등이 가지고 있는 에너지이다. 일반적으로 자연 상태에서 지열의 온도는 지하 100 m 깊어질수록 평균 3~4℃가 높아진다. 지대와 발전 방식에 따라 수백 m에서 수 km 깊이의 우물을 파기도 한다.

지열발전은 전력 생산에 필요한 에너지 비용을 절감할 수 있으며, 24시간 연속 운전이 가능하다. 전력 생산 시 이산화탄소와 기타 오염물질을 배출하지 않기 때문에 환경적인 측면에서도 매우 좋다. 물론 고온수나 증기를 추출할 때 이들에 용해되어 있던 이산화질소, 이산화탄소, 황화수소 등도 함께 분출되지만, 무시할 만한 수준이다. 지열발전 플랜트에서

1 kWh의 전기를 생산할 때, 이상화탄소는 13~380 g과 황화수소 0.03~6.4 g을 배출한다. 이에 반해 석탄은 1,000 g 이상의 이산화탄소와 11 g의 황화수소를 배출하는 것으로 알려져 있다.

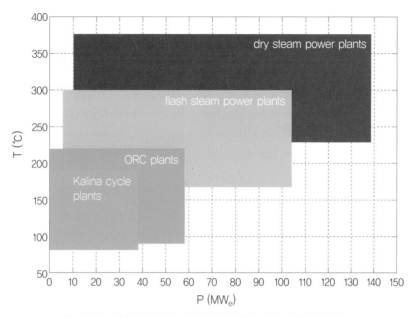

[그림 3-67] 지열발전을 위한 지열자원의 온도 범위와 발전량

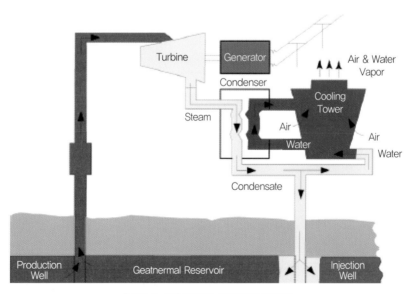

[그림 3-68] 건증기 지열발전 개략도

(5) 지열에너지 설치 사례

[그림 3-69] Geothermal Power Tanzania Ltd.사(탄자니아)

[그림 3-70] 도요타통상이 건설 중인 올카리아 1호 지열발전소

❼ 폐기물에너지

(1) 폐기물에너지 정의

폐기물에너지란 사업장이나 가정에서 발생되는 가연성(쉽게 발화되는) 폐기물 중 에너지 함유량이 높은 폐기물을 열분해 기술이나 가스 제조기술 및 소각에 의한 열회수기술 등의 가공, 처리 방법을 통해 고체 연료, 액체 연료, 가스 연료 등의 에너지로 이용하는 재생에너지를 말한다.

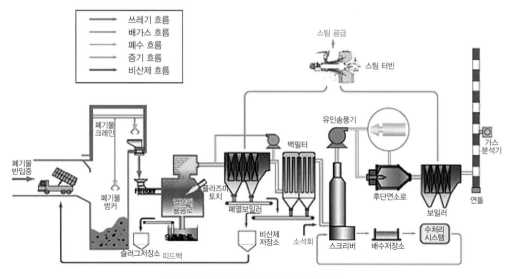

[그림 3-71] 폐기물에너지 생산 공정도

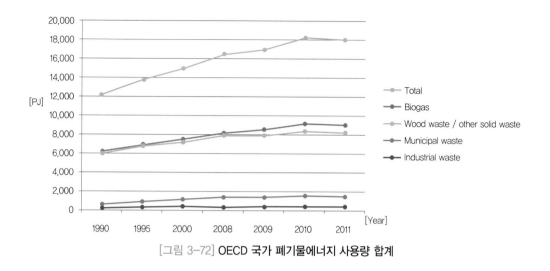

[그림 3-72] OECD 국가 폐기물에너지 사용량 합계

현재 폐기물에너지는 국내 신재생에너지 공급량의 약 71 %를 차지하고 있으며, 20년 후에도 신재생에너지 공급량의 절반 정도를 차지할 것으로 예상되는 중요한 신재생에너지원이다. 밑의 그림은 최근 약 20년 간의 OECD 국가의 폐기물에너지 사용량 합계를 나타낸 것인데, 범세계적으로도 폐기물에너지가 점점 더 중요한 자원이 되고 있음을 알 수 있다.

(2) 폐기물에너지 특징

■ 비교적 단기간 내에 상용화가 가능하며 기술개발을 통한 상용화 기반을 조성한다.
■ 타 대체 에너지에 비해 경제성이 높으며 조기보급 가능하다.
■ 폐기물의 청정 처리 및 자원으로의 재활용 효과 지대하다.
■ 폐기물 자원의 적극적인 에너지자원으로의 활용한다.
■ 인류 생존권을 위협하는 폐기물 환경문제의 해소한다.
■ 지방 자치단체 및 산업체의 폐기물 처리문제 해소한다.

(3) 폐기물에너지 종류

[그림 3-73] 폐기물에너지의 종류

가. 성형고체 연료(RDF: Refuse Derived Fuel)

종이, 나무, 플라스틱 등의 가연성 고체 폐기물을 파쇄, 분리, 건조, 성형 등의 공정을 거쳐 제조된 고체연료이다.

나. 폐유 정제유

자동차 폐윤활유 등의 폐유를 이온정제법, 열분해 정제법, 감압증류법 등의 공정으로 정제하여 생산된 재생유이다.

다. 플라스틱 열분해 연료유

플라스틱, 합성수지, 고무, 타이어 등의 고분자 폐기물을 열분해하여 생산되는 청정 연료유이다.

라. 폐기물 소각열

가연성 폐기물을 CO, H_2 및 CH_4 등의 혼합가스 형태로 전환하여 증기 생산 및 복합발전을 통한 전력 생산, 화학원료 합성 등으로 이용가능하다.

(4) 폐기물에너지 자원화 가능량

[그림 3-74] **폐기물 자원화 가능량**

(5) 폐기물에너지 설치 기업 및 이익 추이

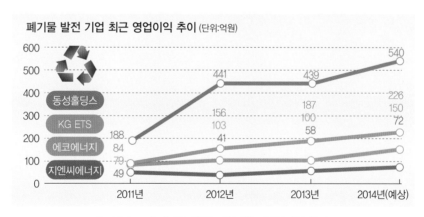

[그림 3-75] **폐기물 발전 기업 최근 영업이익 추이**

산업·소비구조 변화에 따라 인구·경제 성장률이 주춤한 가운데 국내 전력 소비량과 거래량이 꾸준한 상승세를 지속하고 있기 때문이다. 전문가들은 신재생에너지 산업이 친환경,

에너지 안보 · 자원화 등을 이유로 정부 지원 하에 우상향을 지속할 것이라고 전망했다. 통계청과 금융투자업계에 따르면 국내 전력 발전량은 지난 2003년 32만2452GWh에서 2012년 53만2191GWh로 65.05 % 증가했다. 같은 기간의 전력 소비량 역시 29만3599GWh에서 2012년 46만6593GWh로 58.92 % 늘었다.

(6) 폐기물에너지 설치 사례

[그림 3-76] 청주시 유기성 폐기물에너지화 시설

01 기존의 화석연료를 변화시켜 에너지를 생성하거나 재생 가능한 에너지를 변환시켜 이용하는 에너지를 통틀어 무엇이라 하는가?

02 연소시켜도 산소와 결합하여 다시 물로 변해 배기가스로 인한 환경오염이 없는 에너지는 무엇인가?

03 연료의 화학에너지를 전기화학반응에 의해 전기에너지로 직접 변환하는 발전장치는 무엇인가?

04 연료전지의 핵심기술로 원하는 전기출력을 얻기 위해 단위전지를 수십 장에서 수백 장까지 직렬로 쌓아올린 본체를 일컫는 말은 무엇인가?

05 석탄, 폐기물, 바이오매스 및 중질산사유와 같은 연료로 산소 및 수증기 등에 의해 가스화한 후 생산되는 합성가스를 이용하여 전기, 화학원료, 액체원료 및 수소 등의 에너지로 바꿔주는 기술은 무엇인가?

06 정제된 가스를 이용하여 1차로 가스터빈을 돌려 발전하고, 배기가스 열을 이용한 보일러로 증기를 발생시켜 2차로 증기터빈을 돌려 발전하는 시스템은 무엇인가?

07 태양으로부터 쏟아지는 방대한 양의 태양빛을 한 곳으로 모으기 위해 사용되는 도구는 무엇인가?

08 물, 가스, 증기 등의 유체가 가지는 에너지를 유용한 지계적 일로 변환시키는 기계를 무엇이라 하는가?

09 빛이 흡수되어 전자와 정공 쌍이 생성되고 내부 전기장의 영향으로 이를 분리하여 전기가 흐르는 원리를 이용한 것은 무엇인가?

10 태양전지에서 생성된 전기를 가정에서 사용하기 위해 직류를 교류로 전환해주는 장치는 무엇인가?

11 바람의 힘을 회전력으로 전환시켜 발생되는 유도전기를 전력 계통이나 수요자에게 공급할 수 있는 에너지는 무엇인가?

12 풍력발전시스템 중 다극형 동기발전기를 사용하여 증속기어 장치가 없이 회전자와 발전기가 직결되는 direct-direct 형태를 무엇이라고 하는가?

13 높은 곳에 위치한 물을 낮은 곳으로 보내어 그 힘으로 수차를 돌리고 이것을 동력으로 하여 수차에 연결된 발전기를 회전시켜 전기를 발생시키는 것을 무엇이라 하는가?

14 해양에너지 중 조석을 동력원으로 하여 해수면의 상승하강현상을 이용하여 전기를 생산하는 발전방식을 무엇이라 하는가?

15 파랑의 운동 및 위치에너지를 이용하여 터빈을 구동하거나 기계장치의 운동으로 변환하여 전기를 생산하는 발전방식을 무엇이라 하는가?

16 식물유기물 및 동물유기물 등을 열분해 하거나 발효시켜 메탄 또는 에탄올 등을 통해 얻을 수 있는 에너지는 무엇인가?

17 태양에너지를 받은 식물과 미생물의 광합성에 의해 생성되는 식물체, 균체와 이를 먹고 살아가는 동물체를 포함하는 생물 유기체를 일컫는 말은 무엇인가?

18 지중열교환기를 순환하는 열매체를 열펌프의 열원으로 활용하여, 냉방 시에는 건물 내의 열을 지중으로 방출하고 난방 시에는 지중의 열을 실내와 온수에 공급하는 시스템은 무엇인가?

19 종이, 나무, 플라스틱 등의 가연성 고체폐기물을 파쇄, 분리, 건조, 성형 등의 공정을 거쳐 제조된 고체연료는 무엇인가?

20 플라스틱, 합성수지, 고무, 타이어 등의 고분자 폐기물을 열분해하여 생산되는 청정 연료유는 무엇인가?

04

에너지 효율관리

어두운 밤 형광등의 불빛이나 더운 여름을 시원하게 해주는 에어컨 같은 물건들은 이제 우리 주변에서 흔하게 볼 수 있다. 우리 생활에 이 물건들이 존재하지 않으면 많이 불편할 것이고, 없다는 것조차 생각할 수 없다. 이처럼 우리가 더울 때 시원한 바람을 만들고 어두운 곳에서 밝게 하며 추운 날 따뜻하게 해주는 물건들이 움직이려면 에너지가 필요한데, 우리 주변의 실생활에서 사용되는 물건은 거의 대부분 전기로 움직인다. 물론 콘센트만 꽂으면 이러한 물건들이 움직이기 때문에 우리는 전기의 소중함을 잘 모른다. 이런 전기가 없다면 어두운 밤을 촛불 하나에 의지해 지내야 하고, 추운 겨울에는 불을 지펴 따뜻한 물을 써서 씻어야 할지 모른다. 이처럼 중요한 에너지원인 전기를, 예로 들어 우리의 에너지에 대해 설명하려 한다.

요새 여름철만 되면 '블랙아웃'이라는 단어를 뉴스에서 많이 들을 수 있다. 블랙아웃은 한 마디로 정전이고 전기가 끊기는 현상이다. 블랙아웃이 나타나면 작게는 마을부터 크게는 나라 전체의 전기가 부족하여 가정에 전달하지 못해 정전이 일어난다.

이런 대규모 정전이 나타나는 이유를 설명하면, 전기를 만들어 우리에게 배달해주는 곳은 각각의 발전소이다. 그리고 발전소가 속해있는 곳은 한국전력공사이다. 한국전력공사에서는 장기적으로 매해의 전기 쓰는 양을 예측하는데, 이 예측보다 많은 양의 전기를 쓰게 되면 보내주는 양보다 쓰는 양이 많아 보내주고 싶어도 그렇지 못하는 상황이 되면 정전이 일어난다.

그렇다면 대규모 정전, 즉 블랙아웃을 방지하려면 먼저 전기를 예측하는 것보다 많이 만들거나 쓰는 양을 줄여야 한다. 예측보다 많은 양을 만들려면 새로운 발전소도 세워야 하고, 전기를 만들기 위해 사용되는 자원들도 많아 쉽지 않다. 특히 여름에 많은 전기가 필요하지만 다른 계절엔 그리 많은 전기가 필요하지 않으므로, 남는 전기를 처리할 생각도 해야 한

[그림 4-1] **블랙아웃**

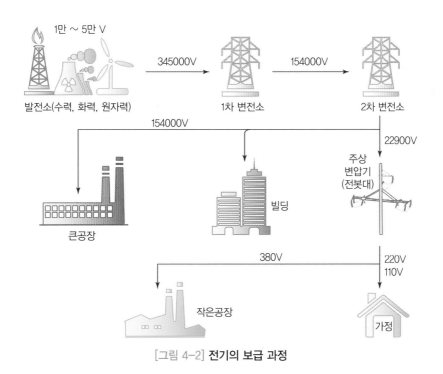

[그림 4-2] **전기의 보급 과정**

다. 하지만 우리가 전기를 쓰는 양을 줄이기는 쉽지 않다. 어두운 곳에서는 불을 밝혀야 하고, 덥거나 추울 땐 온도 조절도 해줘야 하며 TV나 컴퓨터 활용도 해야 한다. 우리가 사용하는 것들은 그대로 두고 전기만 적게 쓰는 방법이 없을까하여 나온 것이 이 전기를 조금 더 효과적으로 쓰는 방법이다. 이 방법들은 우리의 생활을 그대로 유지하면서도 쓰는 전기를 줄이는 것이 목적이다.

지금부터 우리가 쓰는 에너지를 조금 더 효과적으로 쓰기 위해서 어떤 것들이 있는지에 대해 알아보자.

1. 에너지 효율관리제도

지구 온난화는 지구가 더워지고 있는 현상을 말한다. 지구 온난화 자체는 과거에도 있었지만, 주로 1800년대 후반부터 관측하고 있는 온도 및 날씨를 말한다. 이러한 원인은 보통 다른 이유보다 온실가스의 배출이 많아졌기 때문이라고 예상하고 있다. 지구 온난화는 1972년 로마클럽 보고서에 처음 지적되었고, 이후 1985년 세계기상기구(WMO)와 국제연합환경계획(UNEP)이 이산화탄소가 지구 온난화의 원인임을 공식화했다. 아직 확실하게 온실효과의 원인을 밝혀내지 못했지만 산업화가 진행됨에 따라 여러 온실가스가 증가되어 발생한 것은 사실이다. 여러 가설들이 있지만 산업화에 따라 나무나 숲이 줄어들어 자연에서 이산화탄소를 온전히 전부 흡수하지 못해 일어난다는 가설이 힘을 얻고 있다.

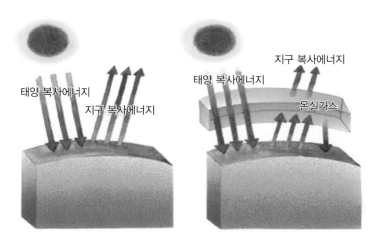

[그림 4-3] 온실효과가 없을 때와 온실효과

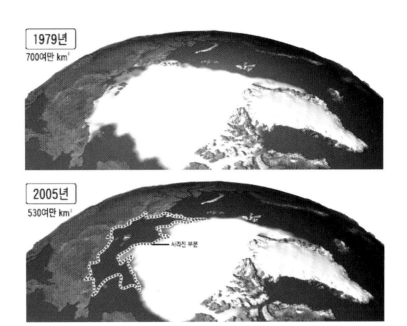

1979년
700여만 km²

2005년
530여만 km²

사라진 부분

[그림 4-4] 지구 온난화로 인한 빙하 감소

지구 온난화는 지구의 온도가 매년 상승하고 있다는 이야기다. 그로인해 땅이나 바다에 있는 각종 기체가 공기 중으로 더 많이 흘러들어오고, 이 현상은 지구온난화를 더 빠르게 진행시킬 것이다. 또한, 지구의 온도가 높아지는 지구 온난화로 인해 북극이나 남극의 빙하가 녹아 바다의 해수면이 높아지게 된다. 특히, 바다의 높이(해수면)가 높아지면 해수욕장의 백사장을 비롯해 바다 근처의 여러 낮은 위치가 잠기게 될 것이다.

이처럼 지구 온난화에 의해 여러 피해가 발생한다. 그래서 50여 개의 나라들이 모여 지구 온난화를 줄이기 위해 기후협약이라는 것을 맺게 되었다. 지구 온난화를 막기 위해 프레온가스(CFC)를 제외한 모든 온실가스(이산화탄소 등)의 배출을 줄이는 것을 주로 다룬 내용이었는데, 이 협약의 정식 명칭은 '기후변화에 의한 기본 협약'이다. 이 협약은 온실가스의 배출을 일정 수준 아래로 배출해야 하고, 이를 어길 경우 여러 가지 불이익을 당할 수 있다. 또한 선진국은 조금 더 어려운 나라를 도와 온실가스 배출을 줄일 수 있도록 한다는 내용이다.

우리나라는 이 기후협약에 대비해 에너지 사용량이 많거나 주로 보급되어 있는 제품에 대해서 높은 효율의 제품을 개발하도록 유도하는 제도를 운영하고 있다. 여러 제품에 대해서는 효율 등급을 표시하고, 기준 이하의 효율을 가진 제품에 대해서는 생산이나 판매를 금지하게 된다. 우리나라에서 이 제도를 주관하고 있는 곳은 산업통상자원부이다. 이 산업통상자원부는 에너지 소비효율 등급 표시제도, 에너지 절약마크 제도, 고효율 에너지 기자재인

중 제도, 건물 에너지 효율등급 인증제도 등 3가지의 에너지 효율 제도를 운영하고 있다.

❶ 에너지 소비효율 등급 표시제도

에너지 소비효율 등급 표시제도는 제품을 사는 소비자들이 같은 시간을 써도 에너지 소모가 적은, 즉 효율이 높은 제품을 쉽게 고를 수 있도록 하는 제도이다. 이 제도는 제품을 만들거나 수입해올 때부터 기본적으로 에너지를 아낄 수 있는 제품을 만들고 판매할 수 있도록 하는 제도로, 에너지 소비효율이나 에너지 사용량에 따라 1~5등급으로 나누어 표시한다. 또한 에너지 소비효율의 낮은 기준을 정해 최저소비효율기준(MEPS)을 적용해 이보다 낮은 제품은 만들거나 판매를 할 수 없게 한다.

에너지 소비효율 등급 표시제도는 전기냉장고, 식기건조기, 전기세탁기, 선풍기를 포함해 총 36개의 제품에 실시되고 있다. 효율에 따라 1~5등급으로 나누어 표시하고, 1등급 제품은 5등급 제품에 비해 30~40 %의 에너지를 절감할 수 있다. 또한 자동차를 제외한 전체 35개 품목 중 24개 품목에는 공통의 에너지 소비효율 등급 라벨을 적용하지만 나머지 11개 품목(형광램프용안정기, 삼상유도전동기, 어댑터, 충전기, 변압기, 전기온풍기, 전기스토브, 전기장판, 전기온수매트, 전열보드, 전기침대, 전기라디에이터)은 별도의 에너지 소비효율 라벨이 적용된다.

[표 4-1] 에너지 소비효율 등급 표시제도의 규정된 제품

전기냉장고	전기온풍기	충전기	선풍기
전기냉방기	제습기	상업용전기냉장고	형광램프
식기세척기	전열보드	창 세트	삼상유도전동기
전기밥솥	전기냉동고	전기스토브	어댑터
공기청정기	전기세탁기	전기장판	가스온수기
형광램프용안정기	식기건조기	전기침대	텔레비전수상기
가정용가스보일러	전기진공청소기	김치냉장고	멀티전기히트펌프시스템
전기냉난방기	백열전구	전기드럼세탁기	전기온수매트
변압기	안정기내장형램프	전기냉온수기	전기라디에이터

❷ 고효율에너지 기자재 인증제도

고효율에너지 기자재 인증제도는 고효율에너지 제품의 보급을 높이기 위해 어느 정도 이상의 효율을 가진 제품을 에너지관리공단이 소비자를 대신하여 인정해주는 제도이다. 에너지관리공단에서 실시하는 이 제도는 1996년에 6개의 종류 제품으로 시작하였고, 2004년엔 고효율유도전동기, 26 mm 32W형광램프 등 31개의 제품으로 늘어났다. 2008년에는 에너지의 절약효과가 큰 제품의 보급을 높이기 위해 인증 대상 품목을 늘리고, 기준을 높이는 내용의 규정이 발표되어 4개의 제품이 추가되었다. 이렇듯 매년 전문가와 상의하여 대상 제품을 늘려가고 있고, 2012년에는 45개 정도의 제품이 인증되고 있다.

[그림 4-5] 에너지 소비효율 등급 라벨의 예
(왼쪽 위에서부터 석기세척기. 형광램프용안전기, 삼상유
도전동기, 전기온풍기

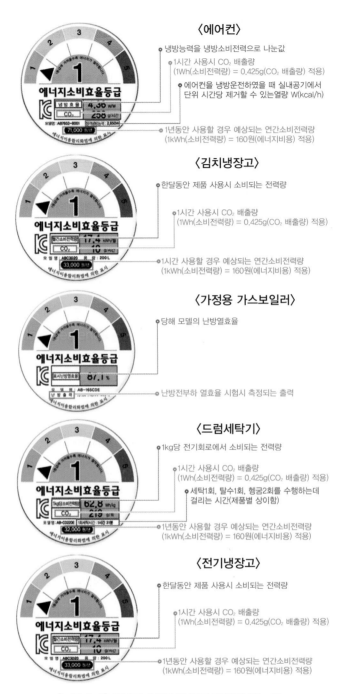

〈에어컨〉

○ 냉방능력을 냉방소비전력으로 나눈값

○ 1시간 사용시 CO_2 배출량
   (1Wh(소비전력량) = 0.425g(CO_2 배출량) 적용)

○ 에어컨을 냉방운전하였을 때 실내공기에서
   단위 시간당 제거할 수 있는 열량 W(kcal/h)

○ 1년동안 사용할 경우 예상되는 연간소비전력량
   (1kWh(소비전력량) = 160원(에너지비용) 적용)

〈김치냉장고〉

○ 한달동안 제품 사용시 소비되는 전력량

○ 1시간 사용시 CO_2 배출량
   (1Wh(소비전력량) = 0.425g(CO_2 배출량) 적용)

○ 1시간 사용할 경우 예상되는 연간소비전력량
   (1kWh(소비전력량) = 160원(에너지비용) 적용)

〈가정용 가스보일러〉

○ 당해 모델의 난방열효율

○ 난방전부하 열효율 시험시 측정되는 출력

〈드럼세탁기〉

○ 1kg당 전기회로에서 소비되는 전력량

○ 1시간 사용시 CO_2 배출량
   (1Wh(소비전력량) = 0.425g(CO_2 배출량) 적용)

○ 세탁1회, 탈수1회, 헹굼2회를 수행하는데
   걸리는 시간(제품별 상이함)

○ 1년동안 사용할 경우 예상되는 연간소비전력량
   (1kWh(소비전력량) = 160원(에너지비용) 적용)

〈전기냉장고〉

○ 한달동안 제품 사용시 소비되는 전력량

○ 1시간 사용시 CO_2 배출량
   (1Wh(소비전력량) = 0.425g(CO_2 배출량) 적용)

○ 1년동안 사용할 경우 예상되는 연간소비전력량
   (1kWh(소비전력량) = 160원(에너지비용) 적용)

[그림 4-6] 에너지 소비효율 등급 라벨의 읽는 법

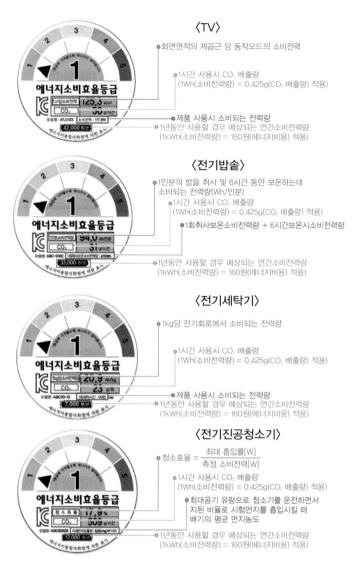

〈TV〉

○ 화면면적의 제곱근 당 동작모드의 소비전력

○ 1시간 사용시 CO_2 배출량
 (1Wh(소비전력량) = 0.425g(CO_2 배출량) 적용)

○ 제품 사용시 소비되는 전력량
○ 1년동안 사용할 경우 예상되는 연간소비전력량
 (1kWh(소비전력량) = 160원(에너지비용) 적용)

〈전기밥솥〉

○ 1인분의 밥을 취사 및 6시간 동안 보온하는데
 소비되는 전력량(Wh/인분)
 ○ 1시간 사용시 CO_2 배출량
  (1Wh(소비전력량) = 0.425g(CO_2 배출량) 적용)
 ○ 1회취사보온소비전력량 + 6시간보온시소비전력량

○ 1년동안 사용할 경우 예상되는 연간소비전력량
 (1kWh(소비전력량) = 160원(에너지비용) 적용)

〈전기세탁기〉

○ 1kg당 전기회로에서 소비되는 전력량

○ 1시간 사용시 CO_2 배출량
 (1Wh(소비전력량) = 0.425g(CO_2 배출량) 적용)

○ 제품 사용시 소비되는 전력량
○ 1년동안 사용할 경우 예상되는 연간소비전력량
 (1kWh(소비전력량) = 160원(에너지비용) 적용)

〈전기진공청소기〉

○ 청소효율 = $\dfrac{최대\ 흡입률[W]}{측정\ 소비전력[W]}$

○ 1시간 사용시 CO_2 배출량
 (1Wh(소비전력량) = 0.425g(CO_2 배출량) 적용)

○ 최대공기 유량으로 청소기를 운전하면서
 지된 비율로 시험먼지를 흡입시킬 때
 배기의 평균 먼지농도

○ 1년동안 사용할 경우 예상되는 연간소비전력량
 (1kWh(소비전력량) = 160원(에너지비용) 적용)

[그림 4-7] 종류별 에너지 효율 읽는 법 및 고효율 인증마크

[표 4-2] 고효율에너지 기자재 인증제도의 대상 품목

조도자동조절 조명기구	직화흡수식 냉온수기	항온항습기	LED 터널등기구
열회수형 환기장치	단상 유도전동기	컨버터 외장형 LED 램프	직관형 LED 램프 (컨버터외장형)
산업 · 건물용 가스보일러	환풍기	컨버터 내장형 LED 램프	가스히트펌프
펌프	원심식 송풍기	매입형 및 고정형 LED 등기구	전력저장장치 (ESS)
원심식 · 스쿠류 냉동기	수중폭기기	LED 보안등기구	최대수요전력 제어장치
무정전전원장치	메탈할라이드램프	LED 센서등기구	문자간판용 LED 모듈
메탈할라이드 램프용 안정기	고휘도 방전(HID) 램프용 고조도 반사갓	LED 모듈 전원공급용 컨버터	냉방용 창유리필름
나트륨 램프용 안정기	기름연소 온수보일러	PLS (Plasma Lighting System) 등기구	가스진공 온수보일러
인버터	산업 · 건물용 기름보일러	고 기밀성 단열문	형광램프 대체형 LED 램프 (컨버터 내장형)
난방용 자동 온도조절기	축열식 버너	초정압 방전램프용 등기구	
LED 교통신호등	터보 블로어	LED 가로등기구	
복합기능형 수배전 시스템	LED 유도등	LED 투광등기구	

❸ 대기전력 저감 프로그램

컴퓨터나 모니터 등의 가전제품들은 실제 사용하는 시간 외에도 사용하지 않는 대기상태를 많이 가지는데, 이때 대기상태에서도 많은 전기를 소모하고 있고 이를 대기전력이라 한다. 대기상태에서의 전기 소모는 상당한 부분을 차지하고 있고, 복사기나 비디오의 경우는 전체 소비량의 80 %를 차지할 정도이다. 사무기기는 항상 콘센트에 연결되어 있고, 사용 시간은 근무 시간에 한정되어 있어 대기시간이 길다. 또한, 전원을 껐다고 하더라도 콘센트에 연결되어 있는 것만으로도 전기의 소모가 일어나고 있다. 이렇게 대기시간에 버려지는 에너지 비용은 우리나라의 가정 · 상업부문 전력사용량의 10 %를 넘고 있다.

이 때문에 대기상태에서 소모되는 전력의 양을 표시하는 대기전력 저감 프로그램을 사용한다. 대기전력 저감 기준에 만족하는 제품에 에너지 절약 마크를 표시할 수 있고, 이 기준에 미달하는 경우에는 반드시 대기전력 경고 표시를 의무적으로 표시해야 한다.

[표 4-3] 대기전력 저감프로그램의 대상품목 및 의무사항

시행시기	경고표시제 대상품목
'08.8.28 부터	TV(1개 품목)
'09.7.1 부터	컴퓨터, 모니터, 프린터, 복합기, 셋톱박스, 전자레인지(6개 품목)
'10.7.1 부터	팩시밀리, 복사기, 스캐너, 비디오, 오디오, DVD플레이어, 라디오, 도어폰, 유무선전화기, 비데, 모뎀, 홈 게이트웨이(12개 품목)

* 대기전력 저감 프로그램 전체 22개 품목 중 자동절전제어장치, 손건조기, 서버, 디지털컨버터는 경고표시제에서 제외
* TV는 에너지소비효율등급표시제도로 이관하여 운영('12.7.1)
* 대기전력 경고표시제에서는 대기전력저감우수제품의 보급을 통한 에너지 절약을 위하여 국내 제조업자(국산제품)와 국내 수입업자(수입제품)에게 아래와 같은 두 가지 의무사항을 부여하고 있습니다.
① 대기전력경고표지대상제품의 경우, 대기전력시험기관에서 대기전력 등을 측정 받은 후 제품 신고
* 지식경제부의 승인을 받은 경우에는 업체에서 직접 측정 가능
② 대기전력저감기준 미달제품에 대한 대기전력경고표지의 표시 의무화

2. 기타 에너지 효율향상제도

❶ 산업부문

(1) 에너지경영시스템(EnMS)

국제 공인 에너지 관리기법인 에너지경영시스템(EnMS)의 보급 확대 및 신뢰성 있는 인증제도 시행을 통한 산업·발전 및 대형건물의 온실가스 저감 및 효율 향상 기반을 구축한다.

(2) 에너지이용합리화자금 융자지원 및 세제지원

제2차 석유파동에 따른 급격한 유가상승으로 에너지 절약에 대한 필요성이 대두됨에 따라 침체된 국내 경제를 활성화하고 에너지 절약 시설투자 촉진을 위해 1980년 11월 '수요증진을 위한 경제 활성화 대책'의 목적으로 에너지 절약 시설투자에 대한 금융지원을 본격적으로 시작했으며 에너지 이용을 합리화하고 온실가스 감축 노력을 촉진하기 위해 에너지 절약 시설투자 및 온실가스배출의 감축에 관한 사업에 대하여 자금을 융자 지원한다.

(3) 에너지절약전문기업(ESCO)

1970년대 말 미국에서 태동한 새로운 에너지 절약 투자방식으로 에너지 저소비형 경제와 사회 구조로의 전환을 위한 정책 중 하나로 도입을 결정했다. 또한 1991년 에너지이용합리화법을 개정할 때 에너지절약전문기업 제도의 근거로 활용했으며, 1992년 4개 업체가 등록

요건을 갖추고 활동을 시작했다. 그동안 정부주도의 에너지절약사업에서 민간업체의 창의
성과 참여로 에너지절약사업의 확산을 유도하기 위해 시행하였다.

기술과 자금조달 능력이 부족한 에너지 사용자를 대신하여 에너지 사용시설을 교체하고,
여기서 발생하는 에너지 절약 효과를 보증하는 사업에 대해 자금 융자지원 및 ESCO 등록업
체 운영·관리하는 제도이다.

(4) 에너지진단제도

에너지진단은 에너지 관련 전문기술 장비 및 인력을 보유한 진단기관으로부터 에너지의
공급부문, 수송부문, 사용부문 등 에너지 사용시설 전반에 걸쳐 사업장의 에너지 이용 흐름
을 파악하여 손실요인 발굴 및 에너지 절감을 위한 최적의 개선안을 제시하는 기술컨설팅
을 의미한다.

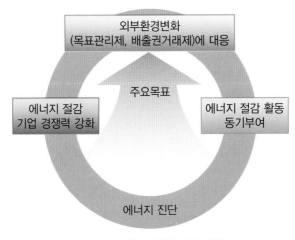

[그림 4-8] 에너지진단제도의 목표

(5) 에너지공급자 수요관리 투자

에너지원별 공급자가 직접 수요관리를 위한 효율향상사업 투자규모를 확대 추진하면서,
에너지 절약 및 기술개발 촉진과 대외 경쟁력을 강화할 수 있다.

가. 효율 향상 사업

에너지 소비자가 에너지를 적게 소비하도록 유도하거나 적은 에너지를 소비하면서도 소
비자들이 요구하는 수준의 효용을 만족시킴으로써 전체적인 에너지 사용량을 감소시키는

것을 목적으로, 고효율 설비 및 기기의 보급, 노후 설비의 개선 등 고효율 기술 확산 및 캐시백, 스마트계량기 설치와 같은 에너지 절약 활동에 투자하는 사업이다.

[표 4-4] '에너지 공급자 수요관리 투자' 제도의 효율 향상 사업

개념	개요	추진수단
에너지 절약 및 이용효율향상 ↓ 에너지 절감 및 부하 억제	기존 에너지 사용설비에 대한 고효율 기기의 개체 및 신규도입 등을 통해 에너지 소비절약 유도	· 캐시백 사업 · 스마트계량기설치 · 고효율기기 장려금지원 · 고효율기기 자금융자 · 에너지 사용설비 진단 · 소비효율등급표지제도 · 고효율기자재 인증제도

나. 부하관리 사업

최대부하억제 및 기저부하조성을 통해 에너지 공급설비의 이용 효율성을 제고하는 것을 목적으로, 부하이전을 위한 요금지원제도 운용, 최대부하삭감을 위한 부하관리기술의 적용, 새로운 에너지 수요 창출을 위한 연료 전환기술의 보급 등 부하평준화를 도모하는 사업이다.

[표 4-5] '에너지 공급자 수요관리 투자' 제도의 부하관리 사업

개념	개요	추진수단
부하평준화로 에너지 공급 효율화 ↓ 최대부하 억제 및 기저부하 조성	에너지 수요 평준화 도모를 통해 에너지 공급 및 수송 설비의 운용효율 향상 및 에너지 수급비용 최소화 추구	· 부하관리기술의 적용 · 계시별 요금제도 · 연료전환기술의 보급 · 수요창출을 통한 기저 · 부하 증대

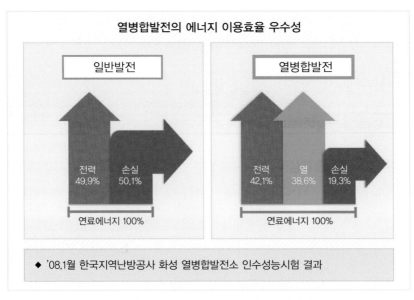

[그림 4-9] **열병합발전의 에너지 이용효율의 우수성**

(6) 집단에너지

집단에너지 공급의 확대를 통해 국가에너지절약 및 기후변화협약에 능동적인 대응을 가능하게 하고 국민생활의 편익증진에 이바지하기 위한 제도로 1985년 서울시 목동에 최초의 지역난방을(20MW급 열병합설비 및 쓰레기소각로의 폐열을 이용) 도입했고, 이후 정부의 공급정책(수도권 건설계획 등)과 고효율 에너지 공급방식이라는 점에서 수도권 신도시의 개발과 함께 급속도로 성장하였으며 최근에는 지방도시까지 확대하는 추세이다.

(7) 대 · 중소기업 동반 녹색성장

에너지 부문에 특화된 대 · 중소기업 동반성장프로그램 활성화 및 대기업의 선진 에너지 관리 기술 전수를 통한 중소기업의 경쟁력 강화 지원 제도로 기술과 인력이 부족한 중소기업에 대기업의 선진 에너지 관리 기법을 공유하여 중소기업의 에너지 절약 기술 향상 및 기업 경쟁력을 강화하기 위해 시행하고 있다.

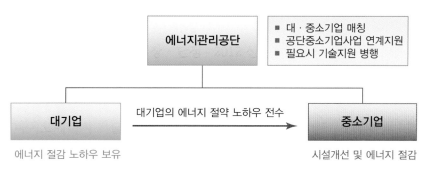

[그림 4-10] 대 · 중소기업 동반 녹색성장제도의 관계도

(8) 에너지서포터 사업

에너지전문인력과 자금부족으로 어려움을 겪고 있는 중소기업에 에너지전문가(에너지서 포터) 지원을 통한 에너지효율 향상 및 기후변화 대응능력 강화시키기 위한 제도로써 중소 사업장의 에너지 현황 파악 및 주요설비의 효율측정과 분석을 통한 에너지 효율 기술을 지 도하고, 중소사업장에 대한 맞춤형 에너지 지원정책과 연계서비스(에너지절약시설 자금지 원, ESCO 투자사업, 자발적 온실가스 감축사업(KVER), 중소기업 에너지경영(EnMS) 등)를 제공한다.

(9) 에너지사용계획 협의

일정 규모 이상의 에너지를 사용하는 사업을 실시하거나 시설을 설치하기 전에 에너지수 급 및 이용효율향상 계획 등에 대하여 사전 협의함으로써 에너지 절약 설비가 설치될 수 있 도록 하여 에너지 저소비형 사회실현을 위한 제도이다.

(10) 열사용기자재검사

열사용기자재의 안전을 확보하고 원천적인 에너지 절약을 통하여 이산화탄소 배출감소 등 환경오염 방지에 기여함으로써 국가의 경제발전을 도모하고 국민의 재산과 생명을 보호 하기 위한 제도이다.

(11) 지역에너지절약

지방자치단체가 관할지역 내의 에너지 수급안정 또는 에너지 이용합리화를 목적으로 추 진하는 제반 사업을 지원하는 제도를 말하며 기반구축사업, 시설보조사업으로 구분된다.

가. 기반구축사업

지역 내의 에너지를 효율적으로 개발하거나 활용하기 위한 능력을 확충하려는 사업이다. 예를 들어 교육홍보사업, 타당성조사사업 등이 있다.

나. 시설보조사업

지역 내의 에너지 이용합리화를 위한 에너지 절약시설 설치지원 사업이다. 예를 들어 LED 교통신호등, 폐열회수설비 등이 있다.

❷ 건물 부문

(1) 건축물 온실가스, 에너지 목표 관리

저탄소 녹색성장 기본법 제42조('10.1월 제정)와 시행령 제26~32조('10.04.14 제정)에 근거하여 중기(2020년) 국가 온실가스 감축을 실현하기 위한 핵심 수단으로 온실가스 다배출업체에 대한 온실가스에너지 목표관리제가 시행한다.

온실가스 다배출 및 에너지 다소비업체를 관리업체로 지정하고, 온실가스 배출량 및 화석에너지 사용량에 대한 감축·절감 목표를 부과하여 이행실적을 검증 관리하고, 정부는 관리업체와 온실가스·에너지 목표를 상호협의하고, 인센티브(이행지원)와 페널티(개선명령, 과태료 등)를 통해 목표달성을 지원한다.

(2) 건축물 에너지 효율 등급인증

건물의 에너지소요량 및 이산화탄소 발생량을 포함한 건물의 에너지 성능을 평가하여 인증함으로써 에너지이용효율 향상을 도모하고, 건물의 설계 도서를 통하여 난방, 냉방, 급탕 등 에너지소요량과 이산화탄소 발생량을 평가하여 에너지 성능에 따라 10개 등급(1+++~7등급)으로 인증한다.

(3) 건축물에너지 절약계획서

건축물의 효율적인 에너지 관리를 위하여 열손실 방지, 에너지절약형 설비사용 등을 비롯하여 에너지절약설계에 대한 의무사항 및 에너지성능지표를 규정한다. 일정규모 이상의 신축건물의 건축 허가 신청 시 에너지 절약계획서를 제출하고 공단은 이 에너지 절약계획서의 적정성 여부를 자문하고, 지자체에서 건축 허가를 결정한다.

> 📧 **절약계획서의 주요내용**
> – 건축 부문: 평균 열관류율, 기밀성 창호, 옥상 조경 등 에너지절약적 설계
> – 기계, 전기 부문: 고효율 인증제품 및 에너지절약적 제어기법 채택
> – 신·재생 부문: 냉난방, 급탕 부하 및 전기용량을 신·재생에너지로 담당

(4) 친환경주택 성능평가

기후변화 대응 및 저탄소 녹색성장을 위해 에너지절약형 친환경주택(그린홈)의 건설기준 및 성능을 마련하고 2020년까지 총 200만호의 친환경 주택을 공급하기 위한 제도로 20세대 이상의 공동주택에서 총 14개 평가요소에 대해 평가한다. 외벽, 측벽, 창호, 현관문, 바닥, 지붕, 보일러, 집단에너지, 신·재생에너지(태양광, 태양열, 지열, 풍력) 등이 있다.

(5) 공공기관 에너지 이용 합리화

공공기관의 에너지절약·효율향상·신·재생에너지 보급 촉진을 유도함으로써 범국민적 에너지 절약 의식 확산 및 기후변화협약 대응하기 위한 제도이다.

(6) 건축물에너지 평가사

건축물 에너지효율 등급인증 대상 확대 및 의무화에 대비하여 건축물에너지 평가 전문인력 양성이 필요하다. 따라서 건축물 에너지효율 등급인증 등 건축물에너지 관리를 위한 업무를 수행할 전문 인력인 '건축물에너지평가사'를 체계적으로 양성하기 위한 국가자격 제도를 시행하고 있다.

❸ 수송 부문

(1) 자동차 에너지소비 효율 및 등급

소비자가 우수한 연비의 자동차를 구매할 수 있도록 자동차의 에너지소비 효율 및 등급 정보를 제공하여 국내 판매 승용차의 연비 향상을 통한 에너지절약을 도모하기 위한 제도이다.

대상은 차량 총 중량이 3.5톤 미만인 차량 중 승용자동차(일반형, 승용겸화물형, 다목적형, 기타형) 및 15인승 이하의 특수형을 제외한 승합자동차(밴형 화물자동차 포함)와 특수용도형을 제외한 경형 및 소형 화물차이며, 고효율 자동차의 개발 촉진, 구매 및 판매를 유도

하기 위하여 자동차의 연비측정 시험방법 기준 설정, 등급기준 설정, 제작사 및 수입사 관리, 양산차 사후관리, 소비자 정보제공 등을 하고 있다.

(2) 자동차 평균에너지소비 효율

기술개발, 정책적 수단, 선진국 목표 수준 등을 종합적으로 고려하여, 도전적인 목표 설정으로 에너지절약, 소비자 편익제고, 산업경쟁력 강화를 위해 시행하고 있다. 또한 구체적으로는 자동차 제작사 · 수입사가 생산 · 판매되는 자동차의 연비를 지속적으로 향상시킬 수 있도록 승용차에 대한 기준평균연비를 준수하도록 시행하는 제도이다.

(3) 타이어 에너지소비 효율 및 등급

소비자가 타이어 구입 시 에너지효율이 좋은 타이어를 쉽게 구분하여 선택할 수 있도록 유도하고, 타이어 제작자가 고효율 타이어를 경쟁적으로 생산하여 수송부문 에너지를 절약할 수 있도록 하는 제도이다.

(4) 수송 부문 온실가스 감축

에너지 사용량 현황 파악 및 감축 수단 발굴이 어려운 수송 부문의 업종별 현황 파악 및 기업과 협력하여 감축 수단 발굴 · 추진하며, 기업과 시범사업을 통한 수송 부문 인벤토리 구축 실무지원 및 이동연소 MRV 방법론 발굴을 위한 제도이다.

❹ 기기부문

[표 4-6] 에너지효율관리제도

제도명	제도마크	대상제품	
에너지 소비효율등급표시 제도		– 전기냉장고 – 김치냉장고 – 전기세탁기 – 식기세척기 – 전기냉온수기 – 전기진공청소기 – 공기청정기 – 형광램프 – 안정기내장형램프 – 가정용가스보일러	– 전기냉동고 – 전기냉방기 – 전기드럼세탁기 – 식기건조기 – 전기밥솥 – 선풍기 – 백열전구 – 형광램프용안정기 – 삼상유도전동기 – 어댑터, 충전기
고효율 기자재 인증제도		– 단상유도전동기 – 고효율펌프 – 폐열회수형환기장치 – 산업건물용가스보일러 – 산업건물용기름보일러 – 무정전전원장치 – 원심식송풍기 – 직화흡수식냉온수기 – 형광램프용고조도반사갓 – 16mm형광램프 – 나트륨램프용안정기 – 16㎜형광램프용안정기 – HID램프용고조도반사갓 – FPL32W용형광램프 – 터보블로우 – 항온항습기 – 할로겐대체 LED 램프	– 고효율인버터 – 폭기용수중펌프 – 고기밀성단열창호 – 기름연소온수보일러 – 원심식냉동기 – 환풍기 – 복합기능형수배전시스템 – 26㎜ 32W형광램프용안정기 – 조도자동조절조명기구 – 메탈할라이드램프용안정기 – LED교통신호등 – 메탈할라이드램프 – FPL32W용안정기 – 축열식버너 – LED유도등 – 멀티에어컨디셔너 – 백열등대체 LED 램프
대기전력 저감프로그램		– 컴퓨터(경고표시제) – 프린터(경고표시제) – 복사기(경고표시제) – 복합기(경고표시제) – TV(경고표시제) – 오디오(경고표시제) – 전자레인지(경고표시제) – 도어폰(경고표시제) – 라디오(경고표시제) – 모뎀(경고표시제)	– 모니터(경고표시제) – 팩시밀리(경고표시제) – 스캐너(경고표시제) – 자동절전제어장치 – 비디오(경고표시제) – DVD플레이어(경고표시제) – 셋톱박스(경고표시제) – 유무선전화기(경고표시제) – 비데(경고표시제) – 홈게이트웨이(경고표시제)

(참고) 이산화탄소(CO₂) 배출량 표시

현재 국제적으로 심각한 환경문제를 야기하고 있는 기후변화는 인간의 경제활동 등에 의한 온실가스 배출이 가장 큰 원인이며, 이러한 온실가스 배출량의 84 %가 에너지 사용에 의해 발생한다. 이러한 기후변화 문제에 능동적으로 대응하기 위하여 에너지소비효율등급표시제도 주요 대상품목의 에너지소비효율등급라벨에는 이산화탄소(CO_2) 배출량이 표시되고 있다. 이는 전기에너지 역시 상당부분 화석연료 등을 연소시켜 발전기를 돌림으로써 생산되고 이 과정에서 이산화탄소 등의 온실가스가 배출되기 때문에, 제품 사용 시 소비되는 전력량에 해당되는 이산화탄소 배출량을 표시하여 에너지 절약과 기후변화에 대한 소비자의 경각심을 일깨우기 위함이다. 이산화탄소 배출량은 시험기관에서 측정한 1시간 소비전력량을 바탕으로 다음과 같은 식으로 계산되어 표시된다.

〈계산식〉

1시간 소비전력량(Wh) × 0.425(g/Wh) = 1시간 사용 시 CO_2배출량(g)

* 환산계수: 1Wh(소비전력량) = 0.425g (CO_2배출량)

→ 최근 5년 동안의 국내 전력부문 온실가스 배출계수 평균값 이산화탄소(CO_2) 배출량 표시는 에너지소비효율등급표시제도 대상품목 중 28개 품목에 대하여 시행하며, 품목별 최초 시행일은 다음과 같다.

〈최저소비효율기준적용 시행시기 이산화탄소 배출량 표시제품〉

- '09.7.1부터 전기냉장고, 김치냉장고, 전기세탁기, 전기드럼세탁기, 식기건조기, 전기진공청소기, 선풍기, 공기청정기, 백열전구, 안정기내장형램프
- '10.1.1부터 전기냉동고, 전기냉방기, 식기세척기, 전기냉온수기, 전기밥솥, 형광램프, 삼상유도전동기, 상업용 전기냉장고
- '11.12.1부터 전기온풍기, 전기스토브, 전기장판, 전기온수매트, 전열보드, 전기침대, 전기라디에이터
- '12.4.1부터 멀티전기히트펌프시스템
- '12.7.1부터 텔레비전수상기, 제습기

(참고) 연간 에너지 비용 표시

에너지소비효율등급라벨에는 에너지소비효율등급 및 월간소비전력량 등이 표시되고 있으나 이는 일반 소비자가 다소 이해하기 어려운 측면이 있다. 이러한 이유로 실생활에 가장 유용한 정보인 연간 에너지 비용이 에너지소비효율등급라벨에 추가적으로 표시되고 있다. 연간 에너지 비용은 소비자가 제품을 선택할 때, 에너지소비효율등급뿐만 아니라 실제 전기요금까지 비교할 수 있게 하므로 실질적인 고효율 기기 시장 확대에 크게 기여할 것으로 기대된다. 연간 에너지 비용은 시험기관에서 측정한 연간소비전력 데이터를 활용하여 다음과 같은 식으로 계산되어 표시된다.

〈계산식〉

  연간소비전력량(kWh) × 160(원/kWh) = 연간 에너지 비용(원)

  * 환산계수: 1kWh(소비전력량) = 160원(전력단가)

연간 에너지 비용 표시는 에너지소비효율등급표시제도 대상 품목 중 아래의 24개 품목에 대하여 시행한다.

〈연간 에너지 비용 시행시기 이산화탄소 배출량 표시 제품〉

- '10.7.1부터 전기냉장고, 전기냉동고, 김치냉장고, 전기냉방기, 전기세탁기, 전기드럼세탁기, 식기세척기, 식기건조기, 전기밥솥, 전기진공청소기, 선풍기, 공기청정기, 상업용 전기냉장고
- '11.12.1부터 전기온풍기, 전기스토브, 전기장판, 전기온수매트, 전열보드, 전기침대, 전기라디에이터
- '12.1.1부터 전기냉온수기, 삼상유도전동기
- '112.7.1부터 텔레비전수상기, 제습기

3. 미래 에너지 효율관련 기술

❶ ESS(Energy storage system)

(1) ESS(Energy storage system, 에너지 저장 시스템) 개요

　ESS는 발전소에서 과잉 생산된 전력을 저장해 두었다가 일시적으로 전력이 부족할 때 송전해주는 저장장치를 말한다. 여기는 전기를 모아두는 배터리와 배터리를 효율적으로 관리

[그림 4-11] ESS: Energy Storage System

해주는 관련 장치들이 있다. 배터리식 ESS는 리튬이온과 황산화나트륨 등을 사용한다.

(2) ESS 도입 필요성

최근 고유가, 이상 기후 변화로 인한 냉·난방기기 보급 확대 등으로 에너지 수요는 매년 증가 추세를 보이고 있다. 또한, 소득 증대와 삶의 질 향상, 각종 서비스 고도화 요구에 따라 새로운 에너지 수요가 지속 발생하여 직접적인 전력 의존도가 심화되어 전력 수급 차질이 있다. 또 국내 에너지원의 상당수가 원유 및 원자력에 의존하고 있어 에너지 수급에 대한 개선은 당장에 해결해야 하는 시급한 국가적 과제로 떠오르고 있다.

이런 와중에 전력 Peak 관리에 효율적인 수단이자 신성장동력 산업인 ESS(Energy Storage System, 에너지저장장치)의 중요성이 부각되고 있다. ESS는 잉여 생산된 전기를 저장하거나 신재생에너지를 활용해서 생산한 전기를 필요한 시간대에 사용가능하도록 하는 장치다. 이를 통해 전기 수요가 적은 시간에 유휴전력을 저장해두었다가 수요가 많은 시간대에 전기를 공급하여 안정적으로 전력을 활용할 수 있다.

(3) ESS의 사용목적

① 전력부하의 평준화를 통해 첨두부하를 분산할 수 있으며, 발전소를 설비할 때 투자 절감할 수 있다.

② 태양광, 풍력 등 출력 변동이 심한 신재생에너지원의 저장장치로 사용되어 전력품질 안정화된다.

③ ESS를 도입하면 정전 시 자립운전 모드가 가능하여 정전으로 인한 피해를 감소할 수 있다.

이러한 ESS의 활용방안 때문에 일본, 미국, 중국 등에서는 ESS 도입 필요성을 인지하고 전력수급 안정화 및 ESS 보급 사업을 추진 중인데, ESS 도입이 빠르게 진행되려면 현재의 리튬 기반 이차전지에 비해서 낮은 비용으로 도입 가능한 배터리의 등장이 필요한 상황이다. 그 중에서 Redox Flow 배터리는 상용화 가능한 단계까지 근접한 솔루션으로 평가받고 있는 실정이라 할 수 있다.

(4) ESS의 구성요소
ESS 장치는 Battery 이외에도 생산된 전력을 변환하고 관리하기 위한 PCS(Power Conversion System), BMS(Battery Management System), EMS(Energy Management System)로 구성된다.
- PCS: 전력변환장치(교류와 직류 간의 변환, 전압 · 전류 · 주파수 변환)
- BMS: 배터리가 안전하게 충 · 방전 할 수 있도록 제어하는 장치
- EMS: 전력의 생산 · 변환 · 소비 등을 제어 및 모니터링 하는 시스템

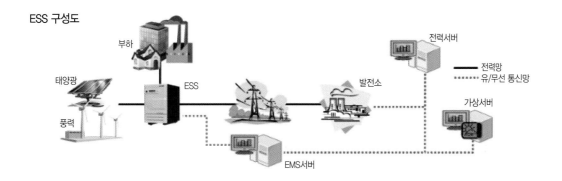

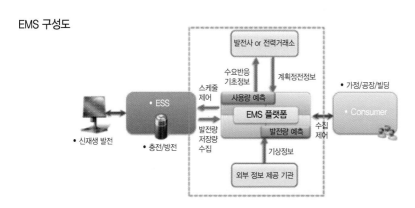

[그림 4-12] ESS 및 EMS 구성도

가. PCS(Power Conditioning System)란?

PCS는 태양전지 어레이에서 발생되는 최대 출력을 유지하기 위한 MPPT(Maximum Power Point Tracker) 회로 및 축전지 또는 DC전원 출력 값을 보정하기 위한 DC-DC 변환기 등으로 구성된 전력제어장치와 AC 전원에 사용하기 위해 태양전지 어레이에서 발생하는 직류전기를 교류로 바꾸어 주는 역할을 하는 인버터로 구성되어 있다.

나. BMS(Battery Management System)란?

BMS는 에너지 저장장치에 사용되는 중대형 2차 전지용 배터리 관리 시스템을 의미한다. PCM의 기본 기능에서 배터리 제어 기능과 통신, 관리 기능이 추가된 종합적인 기능을 가진 리튬계열전지의 관리 시스템을 말한다. BMS는 여러 개의 배터리 셀을 직렬연결 시킬 때 주로 사용된다.

다. EMS(Energy Management System)란?

에너지 저장 및 사용을 목적으로 에너지 저장 장치(ESS)에서 여유 에너지를 저장 또는 소비할 수 있도록 에너지 흐름 제어를 수행하고, ESS 상태 등 정보를 수집, 관리하여 최적의 에너지 사용을 목표로 동작하는 시스템이다.

(5) ESS의 활용

지금까지 ESS를 배터리 또는 PCS 등 설비와 장비에 초점을 맞추어 개발해왔고 분명한 성과도 있었다. 하지만 단순히 설비 및 장비에 초점을 맞춘 현재의 개발방식으로는 ESS를 제대로 활용하는 데 한계가 있는 것이 사실이다.

ESS는 여러 구성요소로 구성된 시스템이다. 시스템 관점에서 보면 다양하게 활용할 수 있는 방안을 고민하고 대안을 찾아야 하는 시기가 도래했다고 볼 수 있다. 이러한 고민을 해결하는데 가장 먼저 고려해야 하는 것이 EMS이다.

EMS는 ESS 내부에서 전달되는 정보를 실시간으로 모니터링하고, 외부 기관과 다양한 시스템을 연계하여 생산예측과 소비예측을 통해 최적의 운영 시나리오를 생성하여, ESS가 가장 효율적으로 운영될 수 있도록 제어한다. 경우에 따라서는 ESS가 전력계통에 직접적으로 전력 평활화를 위한 운전에 관여하는 역할을 하기도 한다. 또 한편으로는 신재생에너지 발전설비와 조합되어 에너지의 생산 예측을 통해 ESS의 최적 운영에 필요한 시나리오에 따라서 가장 효율적인 운영방안을 제시한다. 또한, 신재생에너지와 전력계통을 조합하여 소비 ·

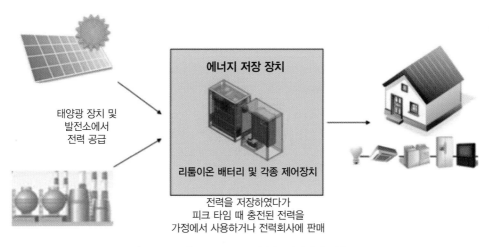

태양광 장치 및
발전소에서
전력 공급

에너지 저장 장치

리튬이온 배터리 및 각종 제어장치

전력을 저장하였다가
피크 타임 때 충전된 전력을
가정에서 사용하거나 전력회사에 판매

[그림 4-13] **전력계통 안정화용 배터리의 이용**

생산 예측을 통한 효율적인 운영 시나리오에 기반을 두어 전력 Peak를 보상하기도 한다. 이러한 ESS의 운영 시나리오들은 신재생에너지와 전력계통에서 발생하는 다양한 상황들과 동적으로 반응하면서 진행된다. 또한, TOC(Total Operation Center)와 실시간으로 연계하여 에너지 생산 및 소비 지령에 따라서 전력계통과 조화롭게 운영이 가능하도록 해준다.

EMS는 적용범위에 따라서 다양한 형태의 시스템이 존재한다. 일반 가정에 적용하는 소규모 EMS에서부터 빌딩, 마을단위의 Community급 EMS, 대규모 신재생발전단지에서 적용하여 전력 생산과 계통연계까지 제어하는 대형 EMS까지 용도와 규모에 따라 매우 다양한 형태의 EMS가 적용될 수 있다.

(6) 국가 핵심 산업으로 집중 육성

현재 국가에서 직면하고 있는 전력 수요 증가에 따른 전력 관리 이슈, RPS(Renewable Portfolio Standard) 본격 시행에 따른 신재생에너지 발전 설비 구축 확대, 에너지 저장장치에 대한 정부의 적극적인 법·제도 등의 지원과 투자 정책 등으로 인해 이미 IT 기업, 전문 에너지 관련 설비 업체 등 많은 기업들이 ESS 시장에 이미 진입하였거나 준비를 하고 있다.

일본, 미국 등 선진국의 경우 이미 ESS의 중요성을 인식하고, 전력수급의 안전화를 위해 ESS 산업 육성 차원에서 정부의 다양한 보급 사업을 추진 중에 있으며, 관련 규제 및 정부 지원책에 대한 구체적인 법안을 이미 가동하고 있다. 반면 국내 실정은 상대적으로 안정된 전력 수급 상황으로 인해 ESS에 대한 정부의 투자 및 지원이 미비한 상황이었으나 최근 우리 정부에서도 차세대 국가 기반산업으로 ESS를 육성하겠다는 정책변화가 일어나고 있다.

또한 2차 전지의 국내 기업의 기술력이 세계 수준에 올라 있어 ESS의 가장 핵심이 되는 기반 기술은 이미 확보하였다고 할 수 있으며, 2차 전지 외에 PCS, EMS 등 관련 시스템 기술 확보에 대해 관심을 기울여야 할 것이다.

(7) 국내 도입 현황

EMS의 도입사례 몇 가지를 살펴보면, '11년 제주도 스마트그리드 실증단지에 신재생에너지 발전 분야 및 에너지 저장장치용 EMS를 개발, 검증 완료한 사례가 있다.

또한, 12년 7월에 착공한 '강릉 저탄소 녹색시범도시 선도 사업'에 적용되는 EMS는 국내 최초로 실증 단지나 테스트베드가 아닌 전 국민이 누구나 방문하고 체험할 수 있는 체험관 및 전시관에서 접할 수 있다.

❷ Smart Grid

최근 전력 소모량에 관한 관심이 높아지고 있는 가운데 전기의 공급이 수요를 따라가지 못해 발생하는 대규모 정전인 '블랙아웃'이라는 단어가 많이 나오고 있다. 이는 전력 공급량을 늘리거나 수요를 합리적으로 소모해야 한다고들 한다. 이때의 전력 소모를 합리적으로 해줄 수 있는 대안으로 '스마트 그리드' 기술이 주목받고 있다.

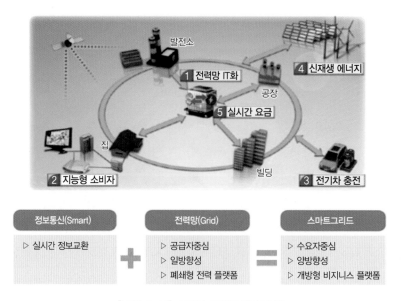

[그림 4-14] 스마트 그리드의 시스템

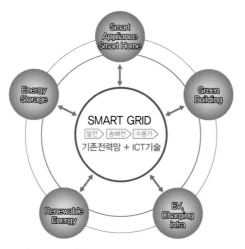

[그림 4-15] **스마트 그리드 핵심 구성요소**

　스마트 그리드(Smart Grid)는 정보통신의 똑똑함(Smart)과 전력망을 일컫는 Grid를 합쳐 말 그대로 지능형 전력망을 뜻한다. 기존의 전력망에 정보통신기술(IT)을 접목하여 이전의 발전-송전 · 배전-판매의 단방향 전력망을 벗어나 전력공급자와 소비자가 실시간으로 전기 사용 정보를 주고받음으로써 에너지 사용을 최적화하고 양방향으로 공유하는 정보를 통해 전력시스템 전체가 한 몸처럼 효율적으로 작동하는 차세대 전력망 사업이다.

　전력망을 디지털화함으로써 전력공급자는 사용 현황을 실시간으로 파악하게 되어 공급량을 탄력적으로 조절할 수 있고, 소비자는 스마트미터라는 개별 전력장치를 통해 사용현황을 실시간으로 파악하고 전력의 수요공급 상황에 따라 변동하는 가격을 알 수 있다. 이에 알맞게 요금이 저렴한 시간대를 선택하여 사용시간과 사용량을 조절할 수 있다. 또한 태양광발전이나 연료전지, 전기자동차의 전기에너지 등 가정에서 생산되는 전기를 판매할 수도 있게 된다.

　또한 자동조정 시스템으로 운영되므로 고장 요인을 사전에 감지하여 정전을 최소화하고, 기존 전력시스템과는 달리 다양한 전력 공급자와 소비자가 직접 연결되는 분산형 전원체제로 전환되면서 풍량과 일조량 등에 따라 전력생산이 불규칙한 한계를 지닌 신재생에너지 활용도가 증대된다. 신재생에너지 활용도가 높아지면 화력발전소를 대체할 수 있어 온실가스와 오염물질을 줄일 수 있게 되어 환경문제를 해소하는 데도 도움이 된다.

　이처럼 많은 장점을 지니고 있어 세계 여러 나라에서 차세대 전력망으로 구축하기 위한 사업으로 추진하고 있다. 한국도 2004년부터 산학연구 기관과 전문가를 통하여 기초 기술을 개발해왔으며, 2008년 그린에너지 산업 발전 전략의 과제로 스마트 그리드를 선정하고 법

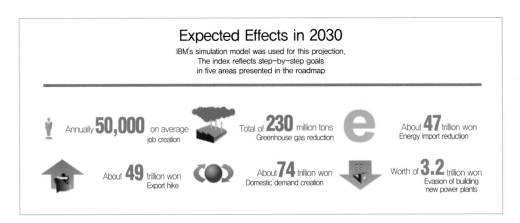

[그림 4-16] 스마트 그리드의 기대효과

적·제도적 기반을 마련하기 위하여 지능형 전력망 구축위원회를 신설하였다.

2009년 6월에는 가전제품과 네트워킹을 통하여 전력 사용을 최적화하고 소비자에게 실시간 전기요금 정보를 제공하는 전력관리장치 '어드밴스트 스마트 미터(Advanced Smart Meter)'와 전기자동차 충전 인프라, 분산형 전원(배터리), 실시간 전기요금제, 전력망의 자기치유 기능, 신재생에너지 제어 기능, 직류(DC) 전원 공급, 전력 품질 선택 등을 필수 요소로 하는 '한국형 스마트 그리드 비전'을 발표하였다. 또 제주특별자치도를 스마트 그리드 실증단지로 선정하고, 2010년부터 본격적으로 기술 실증에 착수한 뒤 2011년부터 시범도시를 중심으로 대규모 보급을 시작하였다. 또한 2020년까지 소비자측 지능화를, 2030년까지 전체 전력망 지능화를 완료할 계획이다.

국제에너지기구(IEA)는 2030년까지 스마트 그리드 관련 시장에서 전 세계적으로 최소 2조 9,880억 달러가 창출될 전망이라고 밝히기도 했다. 그리고 2009년 7월 초 열린 G8 정상회의 기후변화포럼(MEF)에서는 온실가스 감축을 위해 필요한 '세상을 바꾸는 7대 전환적 기술' 중 하나로 선정되었으며, 한국은 이 기술의 개발선도국으로 선정되었다.

미래의 스마트 그리드의 모습은 수직적이고 계층적인 구조를 벗어나 어디에서든 이용할 수 있는 네트워크 형태로, 스마트 그리드를 통해 단순한 전력공급을 위한 플랫폼이 아닌 전자, 자동차, 에너지 등의 비즈니스 플랫폼으로 변화하게 될 것이다. 현재는 스마트 미터, 전기차, 충전기 등 다양한 분야의 기술이 개발되고 있고, 이 잠재성은 거의 무한하기 때문에 에너지 절약과 더불어 저탄소 녹색성장을 꿈꾸는 한국의 앞날에 충분히 기여할 것이란 전망이다.

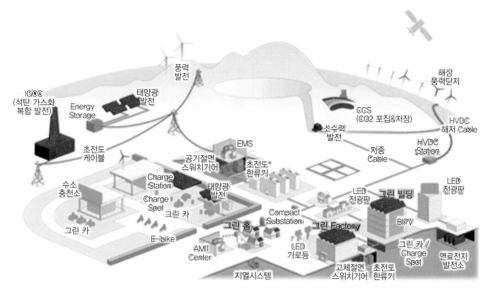

[그림 4-17] **미래의 스마트 그리드 모습**

> 🗒 **스마트 그리드의 주요 역할**
>
> - 소비자에게 다양한 전력 정보를 전달해 효율적인 전력소비 유도
> - 전기자동차가 전력을 충전하고 방전하는 시스템 구축
> - 신재생에너지에서 생산된 전력을 안정적으로 공급
> - 정전의 경우 관련 전력망을 부분적으로 단절시켜 정전구간 최소화
> - 남북한 간 또는 동북아시아 국가 간 전력망 연계 가능
> - 직류 송전이 가능해 가전제품의 전기효율 향상

　스마트 미터는 각각의 사용량을 측정, 그 정보를 송신할 수 있는 기능을 갖춘 전자식 전력량계를 말하는데, 전력사용량의 실시간 체크를 비롯하여 사용자 간 양방향 통신 등이 가능해져 전력공급자와 사용자가 검침비용 및 에너지 절약 등의 효과를 거둘 수 있다.

01 여름철 흔히 발생되며 작게는 마을부터 크게는 나라 전체의 전기가 부족하여 가정에 전달하지 못해 정전이 일어나는 것을 일컫는 말은 무엇인가?

02 고효율에너지 제품의 보급을 높이기 위해 어느 정도 이상의 효율을 가진 제품을 에너지관리공단이 소비자를 대신하여 인정해주는 제도는 무엇인가?

03 컴퓨터나 모니터 등 가전제품의 대기상태에서 소모되는 대기전력의 양을 표시하는 프로그램은 무엇인가?

04 에너지 전문 인력과 자금부족으로 어려움을 겪고 있는 중소기업에 에너지 전문가 지원을 통한 에너지 효율향상 및 기후변화 대응 능력 강화를 위한 제도는 무엇인가?

05 건축물에너지 효율등급 인증 등 건축물에너지 관리를 위한 업무를 수행하는 전문 인력으로 이를 양성하기 위한 국가자격 제도는 무엇인가?

06 발전소에서 과잉 생산된 전력을 저장해 두었다가 일시적으로 전력이 부족할 때 송전해주는 시스템은 무엇인가?

07 에너지 저장장치에 사용되는 중대형 2차 전지용 배터리 관리 시스템이며 PCM의 기본 기능에서 배터리 제어 기능과 통신, 관리 기능이 추가된 종합적인 기능을 가진 시스템은 무엇인가?

08 기존의 전력망에 정보통신기술을 접목하여 이전의 발전–송전, 배전–판매의 단방향 전력망을 벗어나 전력공급자와 소비자가 실시간으로 전기사용 정보를 주고받음으로써 에너지 사용을 효율적으로 하는 차세대 전력망 사업은 무엇인가?

05

신재생에너지 산업 정책동향

1. 신재생에너지 보급 사업

❶ 그린홈 100만호 보급 사업

(1) 개요

그린홈 100만호 보급 사업은 화석연료의 고갈 및 기후변화에 따라 청정에너지인 신재생에너지 산업을 육성하기 위해 시작된 사업이며, 그린홈 100만호 프로젝트를 전개하겠다는 정부의 의지를 반영하여 2009년 이후 추진되고 있다. 신재생에너지 보급 확대가 필요성이 높아짐에 따라 '04년부터 시행한 태양광 발전설비에 대해 '태양광 주택 10만호 보급 사업'을 확대 · 개편하여 지역별 · 주택별 특성에 적합한 가정용 신재생에너지를 보급하는 사업이다.

(2) 추진목표 및 세부내용

2005년 기준 전체 주택 1,250만호 중 100만 가구에 2020년까지 단계적으로 태양광, 태양열, 지열, 연료전지 등 신재생에너지를 보급할 계획이며, 전국 일사량, 풍속, 수량 등 지열 · 주택별 특성과 산업적 파급효과, 일자리 창출 등과 연계되어 추진된다.

1단계인 2012년까지 10만호를 보급하고, 2단계로 2016년까지 30만호, 3단계는 2020년에 60만호 보급을 추진할 예정이다.

열 교환기의 사용
폐열에 의해 데워진 신성한 공기

지붕의 단열

벽 단면

부엌과 욕실의 폐열 활용

거실과 침실에 신선한 공기 제공

태양광

태양전지에 의한 온수공급

Summer Sun

태양열

외피

Winter Sun

차양시스템

고기밀 창호

바닥 단열

연료전지

풍력

지열

[그림 5-1] 그린홈 개념도

[표 5-1] 단계별 그린홈 100만호 보급목표 (단위 : 천호)

주택수 (만호)	보급목표(2009~2020)							합계
	1단계					2단계	3단계	
	2009	2010	2011	2012	소계	'13~'16	'17~'20	
1,250	16	22	29	33	100	300	600	1,000

[표 5-2] 단계별 추진 방향 및 세부내용

구분	1단계('09~'12)	2단계('13~'16)	3단계('17~'20)
추진방향	신재생에너지 신성장동력 기반구축	신재생에너지 신성장동력 육성기	신재생에너지 신성장동력 산업화
세부내용	– 지역별 보급계획 수립 – 원별 보급모형 개발 – 기반조성 정비	– 민간주도 보급방식 유도 – 보조율 조정을 통한 자발적 참여 유도	– 민간주도 보급방식 장착 – 원별단가 등의 조정을 통해 대량 보급체제 구축

　　이를 통해 신재생에너지 산업의 시장규모가 확대되고, 기술 수준을 높임으로 신성장 동력의 핵심 축으로 발전할 것이며, 2020년에는 그린홈의 신재생에너지 공급량이 1,558천 toe로 신재생에너지 공급량의 9.4 %를 달성할 것으로 보인다.

(3) 추진 절차

[표 5-3] 그린홈 100만호 사업 추진 절차

시공업체 예비모집 공고	● 신재생 전문기업이 센터 홈페이지에 신청 * 센터홈페이지 : www.knrec.or.kr
사업참여 신청 및 예비확정	● 신청서류 검토 후 기준점수 이상자를 확정 통보
예비확정자의 소비자품질만족 판단 서류제출 검토	● 예비확정 시공업체의 소비자품질만족 및 시공가액 증빙 자료 제출 / 검토기준에 따라 등급점수 부여
시공업체 확정 공지	● 기준 점수이상 시공업체는 센터와 사업협약 후 확정공지
지원대상자 사업신청	● 지원대상자는 시공업체와 사업적합성 등을 검토 계약후 시공업체(대상자)가 센터 홈페이지 신청
지원대상 승인 및 선급금신청	● 신청서류 검토 후 승인(센터) 및 선급금 지원신청(지급)
시공완료 및 설치확인신청	● 지원대상자는 시공 완료결과 확인하고, 시공업체로 하여금 센터에 설치확인 신청
설치확인 및 보조금 지급	● 설치확인(센터)결과 설치가 적합한 경우 보조금 지급

(4) 추진 내용 및 설치 사례

가. 사업내용

태양광, 태양열, 지열, 소형풍력 등 신재생에너지 설비를 단독 및 공동주택에 설치 시 설치비의 60 % 이내(사범보급은 80 % 이내)에서 보조금을 지급한다. 그리고 대량보급을 강화하기 위해 10가구 이상의 마을단위 그린빌리지(녹색마을)에 중점적으로 보급 중이며, 이를 위해 시·도는 수요자 발굴 및 자체 계획에 의한 사업비를 지원하고, 신재생에너지 센터가 사업을 총괄하는 대량 보급시스템을 구축한다.

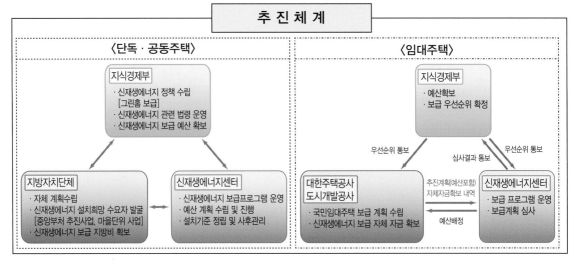

[그림 5-2] 그린홈 100만호 사업 추진 체계

나. 설치 사례

[그림 5-3] 단독주택 및 아파트 단지 설치모습

❷ 일반 보급 사업

(1) 개요

일반 보급 사업은 신규개발기술의 보급 기반을 조성하고, 상용화 설비의 시장조성 및 확대를 위해 시범 보급 사업과 일반 보급 사업을 추진하고 있으며, 시범 보급 사업은 개발된 신재생에너지 기술의 상용화를 위해, 일반 보급 사업은 상용화된 기술의 육성 및 시장 확대를 위해 추진되고 있다.

(2) 추진 내용 및 추진 절차

현재까지 보급보조 사업을 통해 신재생에너지 산업의 활성화 및 신재생에너지 자원 확보를 통해 고유가 및 기후변화협약에 대응할 수 있는 환경 친화적 에너지 공급시스템 보급 기반이 조성되었다. 1993년부터 2011년까지 태양광발전 시설 등 신재생에너지 시설 설치를 통해 약 30,638toe의 신재생에너지 보급 및 93,129톤의 이산화탄소 저감효과를 거두었다.

일반 보급 사업은 개발된 신재생에너지 기술의 상용화된 일반 보급설비로서 자가용에 한해 설치비의 최대 50 % 이내로(연료전지는 75 %) 지원하고 있으며, 시범 보급 사업은 개발된 신재생에너지 기술의 상용화를 위한 시범보급설비(정부지원 R&D 활용조건)로서 자가용에 한해 설치비의 최대 80 % 이내로 지원하는 사업이다.

[그림 5-4] **보급보조 사업 추진 절차**

[표 5-4] **보급보조 사업 추진 체계**

진행절차	내용
사업계획 수립 및 예산 반영	■ 센터 : 사업계획 및 예산안 작성 ■ 지식경제부 : 사업계획 및 예산 승인
사업안내 및 신청서 접수	■ 센터 : 사업안내(홈페이지 게시) ■ 분야별 신청서 접수(홈페이지 활용)
대상시설 평가 · 선정	■ 평가위원회 평가 : 사업 타당성, 설치효과 · 홍보 등 ■ 대상 사업별 예산범위내 수혜자 선정
협약체결, 시설설치 추진	■ 센터/수혜기관/참여기업 공동협약후 설치
사업진행 및 관리	■ 센터 : 사업진행 관리 ■ 참여기업 : 시설시공 및 준공, 교육실시
보조금지급	■ 센터/지사 : 시설 설치확인 후 보조금 지급

❸ 지방 보급 사업

(1) 개요

신재생에너지 분야와 절약 분야로 구분되어 추진되던 지역에너지 사업은 2006년 이후 지자체별 지역특성과 신재생에너지 자원 잠재량과 부합되는 청정에너지 체계 구축 및 지역경제의 활성화를 위해 신재생에너지 지방 보급 사업으로 분리되었다.

고시제정 및 제도개선 등을 통하여 지방 보급 사업은 지자체가 관할구역 내의 에너지 이용을 합리화하고, 신재생에너지 및 미활용 에너지를 지원화하기 위한 주요사업으로 자리 잡고 있으며, 향후 기후변화 협약에 따른 강력한 수단으로 사용될 것이다.

(2) 지원 대상 사업

지방보급 사업은 지방자치단체가 관할구역의 청정 신재생에너지 공급체계 구축과 에너지 이용 효율성을 위하여 강구할 수 있는 사업에 대하여 폭넓게 지원한다. 세부적으로는 '기반구축사업', '시설보조사업'으로 나눌 수 있다.

- 기반구축사업: 지자체의 에너지 분야 역량 강화를 위한 담당공무원교육, 해외연수 등과 대국민 홍보를 위한 캠페인, 에너지 절약 부분 시상 등과 함께 시설보조 사업으로 추진하기 위한 타당성 조사 및 모니터링 등을 한다.
- 시설보조사업: 직접적으로 시설물을 설치하는 사업으로, 태양광, 태양열, 지열, 풍력, 소수력 등의 신재생에너지 보급 사업에 대하여 지원한다.

(3) 주요 설치 사례

가. 제주 행원 풍력발전단지

사면이 바다인 제주도는 삼다도라 불릴 만큼 바람이 많이 부는 지역이다. 이에 1981년부터 보다 실용성 있는 신재생에너지 보급을 위한 정책기반을 구축하기 위해 동력자원부에서 '풍력에너지개발 시범도'로 지정하여 월령 연구 단지를 지원하는 등 풍력발전에 많은 관심을 가졌다.

지역에너지 사업으로 총 203억 원이 투입된 행원단지는 현재 북제주군 구좌읍 행원리 563번지에 위치하여 있으며, 풍력발전기 15기 9.8MW를 설치하고 생산된 전력의 판매를 위한 전영선이 설치되어 있다.

[그림 5-5] 제주 행원 풍력발전단지

[그림 5-6] 삼척 동굴박람회장 태양광발전 시설

나. 삼척동굴 박람회 태양광발전

삼척은 동굴박람회를 맞아 지역에너지 사업으로 이 태양광발전을 추진하고, 국비 11억 원과 시비 5억2천만 원, 총 16억2천만 원을 투자하여 설비하였다. 이곳 태양광 발전시스템은 1,285개의 모듈로 구성되어 있으며, 각 모듈은 83Wp의 최대 출력을 갖고 있어 총 105.5kWp의 출력을 갖는 국내 주요 태양광발전 시설 중의 하나이다.

다. 진해시 에너지환경과학공원

원래 혐오시설인 하수처리장을 진해시가 환경 친화적인 신재생에너지 시설을 이용하여 에너지환경공원으로 만든 곳이 진해 에너지환경과학공원이다. 이곳은 국내 대표적인 성공

[그림 5-7] 진해시 에너지환경과학공원 태양열 시스템

사례로 타 지자체의 많은 모범이 되고 있으며, 신재생에너지 시설보급에 대한 새로운 기대를 주고 있다. 주요 설치 시설은 태양광, 태양열 급탕시설, 소수력발전, 풍력발전시설, 신재생에너지 전시관 등 종합적으로 구성되어 있다.

❹ 신재생에너지 테스트베드 구축사업

(1) 개요

신재생에너지 테스트베드(test-bed) 구축사업은 신재생에너지 기업이 개발한 제품 및 기술이 시장에 출시되기 전 시험분석 및 성능검사, 신뢰성 검증 등을 할 수 있는 장비 및 인프라 구축을 지원하는 사업이다. 이 사업은 장비 및 공용 설비 구축비용 지원을 위한 국비 480억 원의 예산이 지원되고, 기타 건물·운영 비용은 지방자치단체 및 주관기관 등 민간 부담 매칭 549억 원 등 총 1,028억 원이 투자된다.

인프라를 강화함으로써 태양광, 풍력, 연료전지 관련 제품의 국산화와 신제품 개발 촉진을 통한 신재생에너지 산업 경쟁력 강화, 수출 산업화가 제고될 것으로 기대된다.

> 📧 **신재생에너지 테스트베드 구축사업 개요**

- 개념 : 태양광 · 풍력 · 연료전지 등 신재생에너지 기업(특히 중소 · 중견기업)이 개발한 기술 · 제품의 시험분석 · 성능평가 장비 구축 지원을 통해 산 · 학 · 연 연계 거점 육성
- 지원 대상 : 3개源, 6개 테스트베드
  - [태양광] 충청권/대경권/호남권, [풍력] 동남권/호남권, [연료전지] 대경권
- 사업 기간 : '11.8월~'14.6월(3년)
  - (1차년도) 11.8~12.6 / (2차년도) 12.7~13.6 / (3차년도) 13.7~14.6
- 사업비(국비) : 480억원
  - 연차별 지원예산 : ('11년) 200억 / ('12년) 200억 / ('13년) 80억

(2) 사업추진 체계

지식경제부가 정부 주관부처로 사업 총괄 기획, 사업비(국비)를 출연하고, 에너지관리공단 신재생에너지 센터가 전담기관으로 협약체결, 운영지원, 성과평가 관리를 담당하고 있다. 또한 광역권 비영리기관인 테크노파크, 대학교(산학협력단) 등이 주관기관으로 대학교 · 연구소 등 참여기관과 함께 6개 테스트베드를 운영하고 있다.

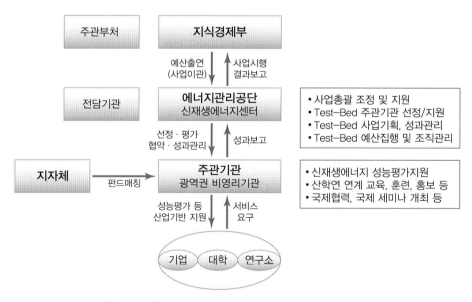

[그림 5-8] 6개 신재생에너지 테스트베드 사업 추진 체계

[표 5-5] ('11. 8~'12. 6) 6개 테스트베드별 사업추진 실적

구분	사업내용	사업비 (백만원)	추진 실적
6개 테스트베드	① 충청권 태양광 테스트베드	3,550	– 플라즈마 코팅 장비 등 17종 장비 구축/도입절차 진행 중 – 장비활용 기술지원 : 105회(25업체) – 기술교육 : 15회(590명) 등
	② 대경권 태양광 테스트베드	3,360	– 솔라 시뮬레이터 등 14종 장비 구축/도입절차 진행 중 – 장비활용 기술지원 : 744회(164업체) – 교육/워크샵 : 3회(217명) 등
	③ 호남권 태양광 테스트베드	3,210	– 굴절율 및 반사막 두께 측정기 등 13종 구축/도입절차 진행 중 – 장비활용 기술지원 : 1,134건(137업체) – 교육/워크샵 : 81회(1,506명) 등
	④ 동남권 풍력 테스트베드	3,550	– 3차원 응력평가시스템 등 11종 구축/도입절차 진행 중 – 장비활용 기술지원 : 80회 – 교육/세미나 : 18회(566명) 등
	⑤ 호남권 풍력 테스트베드	3,400	– 대형 기상탑 설치 등 3종 인프라 구축/도입절차 진행 중 – 기술지도 : 10회 – 교육 : 35회(94명) 등
	⑥ 대경권 연료전지 테스트베드	2,730	– SOIFC 셀/모듈 평가설비 등 32종 장비 구축 – 장비활용 기술지원 : 48회(8업체) – 교육/워크샵 : 8회(161명) 등
	소계	19,800	
전담기관 (신·재생 에너지센터)	사업총괄/조정/ 기획/평가/관리	200	– (신규) 사업공모/평가/협약체결(11.8 6개 테스트베드) – 중앙장비도입 심의(3회) – 멘토링제도 운영(5회) 등 – 교육/워크숍(4회)
	계	20,000	– 솔라시뮬레이터 등 90종 장비 구축/도입절차 진행 중 – 장비활용 기술지원 : 2,151회(334업체) – 기술교육/워크샵 : 160회(3,134명)

(3) 추진 내용

전담기관인 신재생에너지 센터의 지원활동과 함께 6개 테스트베드별로 장비도입 구축, 관련 장비를 활용한 시험분석·성능평가 등 기업지원 활동, 교육훈련 및 정보 제공 등 사업들을 추진 중에 있다.

(4) 앞으로의 계획

현재 진행 중인 1단계 신재생에너지 테스트베드 운영 성과와 연계하여 '14년 이후 2단계

로 현재의 태양광·풍력·연료전지 전기 분야 테스트베드 외에 태양열·지열·바이오 등 열 분야로 에너지원 대상을 확대하고 현재의 장비구축 및 이를 통한 기업지원 활동 외에 산·학·연이 신재생에너지 연계된 클러스터 조성을 추진할 계획이다.

 클러스터(Cluster)

동일 업종의 대학·연구소·기업 등 관련 기관들이 일정 지역에 모여 정보와 지식을 공유함으로써 시너지 효과를 도모하는 것이다.

2. 신재생에너지 지원 제도

❶ 발전차액지원제도(FIT)

(1) 추진배경

정부는 신재생에너지 설비 투자의 경제성을 확보하기 위하여 발전차액지원제도(FIT)를 도입하였다. 발전차액지원제도란 신재생에너지를 이용하여 전기를 생산할 경우 기준 가격과 계통 한계 가격의 차액을 지원하는 제도로, 쉽게 설명하면 사업자에게 정부가 발전 보조금을 지불, 발전 단가가 매우 높은 태양광 발전이나 연료전지 발전에 대한 기준 가격을 매년 정하여 일반 평균 발전 단가를 제외한 나머지 차액만큼 사업자에게 지원하는 제도이다. 발전 차액지원제도의 시행으로 인하여 신재생에너지 발전 전원의 보급 확대 및 기후환경협약에 따른 신재생에너지 보급 확대를 유도하는 기반으로 구축하게 되었다.

(2) 지원 분야 및 기준 가격

발전차액지원제도는 신재생에너지법이 정한 11개의 에너지원 중 태양광, 풍력, 수력, 조력, 바이오, 폐기물, 연료전지에 대하여 기준 가격을 정하고 지원하고 있다.

[표 5-6] 신재생에너지 발전차액제도 기준가격표(태양광 제외)

전원		적용설비 용량기준	구분		기준가격(원/kWh)		비고
					고정요금	변동요금	
풍력		10 kW이상	–		107.29	–	감소율 2%
수력		5MW 이하	일반	1MW이상	86.04	SMP+15	
				1MW미만	94.64	SMP+20	
			기타	1MW이상	66.18	SMP+ 5	
				1MW미만	72.80	SMP+10	
폐기물 소각 (RDF 포함)		20kW 이하	–		–	SMP+ 5	화석연료 투입비율 : 30% 미만
바이오 에너지	LFG	50kW 이하	20MW 이상		68.07	SMP+ 5	
			20MW 미만		74.99	SMP+10	
	바이오 가스	50kW 이하	150MW 이상		72.73	SMP+10	
			150MW 미만		85.71	SMP+15	
	바이오 매스	50kW 이하	목질계 바이오		68.99	SMP+ 5	
해양 에너지	조력	50kW 이상	최대조차 8.5m이상	방조제유	62.81	–	
				방조제무	76.63	–	
			최대조차 8.5m 미만	방조제유	75.59	–	
				방조제무	90.50	–	
연료전지		200kW 이상	마이오가스 이용		227.49	–	감소율 3%
			기타연료 이용		274.06	–	

[표 5-7] 태양광에너지 발전차액제도 기준가격표

적용 시점	설치장소	적용 기간	30kW 이하	30kW 초과 200kW 이하	200kW 초과 1MW 이하	1MW 초과 3MW 이하	3MW 초과
'10년	일반부지	15년	566.95	541.42	510.77	485.23	408.62
		20년	514.34	491.17	463.37	440.20	370.70
	건축물활용	15년	606.64	579.32	546.52	–	–
		20년	550.34	525.55	495.81	–	–
'11년	일반부지	15년	484.52	462.69	436.50	414.68	349.20
		20년	439.56	419.76	396.00	376.20	316.80
	건축물활용	15년	532.97	508.96	480.15	–	–
		20년	483.52	461.74	435.60	–	–

❷ 신재생에너지 공급 의무화 제도(RPS)

(1) 추진배경

기존 보급 제도인 발전차액지원제도의 한계에 부딪히고 '13년 Post-교토체계에 대응하기 위해서 신재생에너지 적정보급 수준으로 확대할 필요성이 있어 RPS 제도를 도입하게 되었다. '02년 발전차액지원제도 도입을 통해 초기 보급기반 및 산업화 기반 마련이라는 성과를 얻었으나 많은 재정부담 및 외산제품 사용 비중의 확대를 초래하고, 사업자 간의 가격 경쟁 메커니즘 부재 등의 문제를 노출하였다.

(2) RPS 제도의 개념

신재생에너지 공급의무화 제도란 발전사업자에게 총 발전량의 일정량 이상을 신재생에너지로 공급하도록 의무화하는 제도로, 현재 미국 29개 주 및 영국, 캐나다 등 많은 국가에서 RPS 제도를 운영 중에 있다. 적용대상 에너지원으로는 태양광, 풍력, 수력, 연료전지, 조력 등이 있다. 또한, RPS 제도에서 공급의무자란 일정규모 이상의 발전사업자, 한국수자원공사 및 한국지역난방공사이며, '12년에는 총 13개 발전사업자(한국수력원자력 등 발전 6사, 한국수자원공사, 한국지역난방공사, 포스코에너지 등 민간발전사업자)가 공급의무자로 지정되었다.

(3) RPS 제도의 장 · 단점

기존 발전차액제도는 안정적인 내수시장을 제공하고 관련 설비의 산업화 기반을 조상하는 등의 성과를 가져왔다. 그러나 지원 대상 발전소가 급격이 증가함에 따라 정부의 재정 부담이 늘어나고, 기업 간 경쟁부족으로 생산 가격이 하락되는 등의 한계점을 드러냈다.

RPS 제도의 경우 신재생에너지의 사업자 간의 경쟁을 통해 생산비용 절감을 유도하고, 정부의 재정 부담을 줄여 기존 제도의 한계점을 극복하는 방향으로 제도가 만들어졌다. 반면 제도도입을 위한 인프라 구축이 필요하고 시장경쟁 원리 도입에 따라 경제성 위주의 특정 에너지로 편중될 가능성이 존재한다.

[표 5-8] FIT 및 RPS 비교

구분	발전차액지원제도 (FIT)	신재생에너지 의무 할당제 (RPS)
목표	다양한 신재생에너지를 활성화	신재생에너지 발전량 증가
메커니즘	– 정부가 가격을 책정하면 시장에서 발전을 결정	– 발전의무량을 부과하면 시장에서 가격이 결정
규모예측	– 공급 규모 예측 불확실	– 공급 규모 예측용이
가격 설정	– 정확한 공급 비용 산정 어려움 – 사업자의 초과이윤 인센티브	– 수요 여건에 따른 가격 결정 및 변동 – 사업자간 가격 경쟁 메커니즘 내제
장점	– 중장기 가격을 보장하여 투자의 확실성, 단순성 유지 – 안정적 투자유치로 기술개발과 산업성장 가능성	– 신재생에너지 사업자 간의 경쟁을 촉진시켜 생산비용 절감 가능 – 민간에서 가격이 결정됨으로써 정부의 재정부담 완화
단점	– 정부의 막대한 재정부담 초래 – 기업 간의 경쟁이 부족하여 생산 가격을 낮추기 위한 유인부족 – 가격이 싸고 질이 낮은 외국산 제품이 시장에 다수 출연	– 경제성 위주의 특정 에너지로 편중된 가능성 – 제도 도입을 위한 인프라구축이 전제되어야 함
공통점	두 가지 방법 모두 전기요금 인상이 불가피	

01 화석연료의 고갈 및 기후변화에 따라 청정에너지인 신재생에너지 산업을 육성하기 위해 시작된 사업으로, 지역별 · 주택별 특성에 적합한 가정용 신재생에너지를 보급하는 사업은 무엇인가?

02 신재생에너지 기업이 개발한 제품 및 기술이 시장에 출시되기 전 시험분석 및 성능검사, 신뢰성 검증 등을 할 수 있는 장비 및 인프라 구축을 지원하는 사업은 무엇인가?

03 동일 업종의 대학 · 연구소 · 기업 등 관련 기관들이 일정 지역에 모여 정보와 지식을 공유함으로써 시너지 효과를 도모하는 것을 무엇이라 하는가?

04 정부가 신재생에너지 설비 투자의 경제성을 확보하기 위하여 도입한 제도로 신재생에너지를 이용하여 전기를 생산할 경우 기준 가격과 계통 한계 가격의 차액을 지원하는 제도는 무엇인가?

05 발전사업자에게 총 발전량의 일정량 이상을 신재생에너지로 공급하도록 의무화하는 제도는 무엇인가?

표 출처

chapter 01. 에너지란 무엇인가?

표 1-1. 에너지 단위별 변환 에너지양 - 에너지 경제 연구원

〈http://www.keei.re.kr/main.nsf/index_mobile.html?open&p=%2Fkeei%2Fesdb%2Fe_a4_2〉

chapter 02. 화석에너지란 무엇인가?

표 2-1. 석탄 종류별 성질 - 한백 자원물류

〈http://hanbaek.org/pages/resource/resource_01_infor.htm〉

표 2-2. 6대 온실가스 지구온난화 지수와 배출량 - 에너지 코리아

〈http://energy.korea.com〉

표 2-3. 기후변화협약 (UNFCCC) - 에너지 관리공단

〈http://www.kemco.or.kr〉

chapter 03. 신재생에너지란 무엇인가?

표 3-1. 전체 신 · 재생에너지의 잠재량 - 2012 신재생에너지 백서

〈http://mke.fo.kr, http://energy.or.kr (지식경제부)(에너지관리공단)〉

표 3-2. 연료전지의 종류별 특징 - 2012 신재생에너지 백서

〈http://mke.fo.kr, http://energy.or.kr (지식경제부)(에너지관리공단)〉

표 3-3. 석탄 액화 · 가스화 장 · 단점 - 에너지 관리공단 신재생 에너지 센터

〈http://www.energy.or.kr/knrec/11/KNREC110900.asp〉

표 3-4. 태양전지 종류별 효율 및 특징 - 2012 신재생에너지 백서

〈http://mke.fo.kr, http://energy.or.kr (지식경제부)(에너지관리공단)〉

표 3-5. 수평축 풍력시스템의 분류

표 3-6. 기어형 풍력발전기 장 · 단점 - 우리생활과 신 · 재생 에너지

〈원광대학교 토목환경공학 전공 신 · 재생에너지 융합기술 인력양성 사업팀〉

표 3-7. 기어리스형 풍력발전기 장 · 단점 - 우리생활과 신 · 재생 에너지

〈원광대학교 토목환경공학 전공 신 · 재생에너지 융합기술 인력양성 사업팀〉

그림 출처

chapter 01. 에너지란 무엇인가?

그림 1-1. 에너지의 다양한 종류 - 네이버 어린이 백과

〈http://terms.naver.com/list.nhn?cid=44625&categoryId=44625〉

그림 1-2. 에너지의 다양한 형태 - 네이버 어린이 백과

〈http://terms.naver.com/list.nhn?cid=44625&categoryId=44625〉

그림 1-3. 화석 연료가 만들어지는 과정

〈http://www.kemco.or.kr/class/class5/class50201.asp〉

그림 1-5. 지구 에너지의 흐름

〈http://m.konetic.or.kr/tech/view4.asp?sub_page=practical_use&gotopage=532&
query=view&unique_num=7258〉

그림 1-6. 연도별 늘어나는 에너지 소비량 - 에너지 교실

〈http://www.kemco.or.kr/web/kem_class/middleschool/middleschool0103.asp〉

그림 1-7. 국내 에너지 수입 의존도 - 비즈니스의 힘

〈http://neo4434.tistory.com/802〉

chapter 02. 화석에너지란 무엇인가?

그림 2-1. 세계 화석에너지 자원 분포 - 한국물리학회

〈http://www.kps.or.kr〉

그림 2-2. 석탄의 생성 과정 - coalchoi

〈http://coalchoi.blogspot.kr〉

그림 2-3. 채광된 석탄 모습 - sk에너지

〈http://blog.skenergy.com/582〉

그림 2-4. 석유 생성 과정 모식도 - 고등셀파 공통과학

〈http://study.zum.com/book/12302〉

그림 2-5. 석유 증류온도에 따른 사용

〈http://blog.joins.com/media/folderlistslide.asp?uid=smklee&folder=5&list_
id=3494550〉

그림 2-6. 최근 국가 유가 및 미래 국가 유가 - EIA

chapter 03. 신재생에너지란 무엇인가?

그림 3-61. 바이오항공유 생산 공정 개요 - 에너지관리공단 신재생에너지 센터

〈http://www.energy.or.kr/knrec/index.asp〉

그림 3-62. 바이오에너지 설치 사례 - 한국 원자력 문화재단

〈http://www.konepa.or.kr/new/main.asp〉

그림 3-63. 지중 온도에 따른 지열에너지 활용 기술 - 2012 신재생에너지 백서

〈http://mke.fo.kr, http://energy.or.kr (지식경제부)(에너지관리공단)〉

그림 3-64. 최종 생산물에 따른 지열에너지 분류 - 2012 신재생에너지 백서

〈http://mke.fo.kr, http://energy.or.kr (지식경제부)(에너지관리공단)〉

그림 3-65 지열 냉·난방 시스템 모습

〈http://saefa.weviokorea.com/products/geothermal-heat/〉

그림 3-66. 지열 히트펌프 시스템 개략도 - 2012 신재생에너지 백서

〈http://mke.fo.kr, http://energy.or.kr (지식경제부)(에너지관리공단)〉

그림 3-67. 지열발전을 위한 지열자원의 온도 범위와 발전량 - Bertani et al(2006)

그림 3-68. 건증기 지열발전 개략도 - 2012 신재생에너지 백서

〈http://mke.fo.kr, http://energy.or.kr (지식경제부)(에너지관리공단)〉

그림 3-69. Geothermal Power Tanzania Ltd.사 탄자니아 - KISTI

〈http://rnd.kaist.ac.kr/sub0402/articles/do_print/tableid/korean-history/page/10/
id/80〉

그림 3-70. 도요타통상이 건설 중인 올카리아 1호 지열발전소 - 해외도시개발지원센터

〈http://www.iuc.or.kr/〉

그림 3-71. 폐기물에너지 생산 공정도

〈http://www.gscaltex.com/energy/About_1.aspx?DM=0&ai=3&cp=2〉

그림 3-72. OECD 국가 폐기물에너지 사용량 합계 - 2012 신재생에너지 백서

〈http://mke.fo.kr, http://energy.or.kr (지식경제부)(에너지관리공단)〉

그림 3-73. 폐기물에너지의 종류

〈http://m.ecolonglong.or.kr/community/view.asp?cateID=NEWS&seq=125〉

그림 3-74. 폐기물 자원화 가능량 - 환경부 희망의 새 시대

〈http://www2.me.go.kr/web/189/me/c3/page3_12_11_1.jsp〉

그림 3-75. 폐기물 발전 기업 최근 영업이익 추이 - 금융감독원, IBK투자증권

〈http://kginside.com/345#.VFjDlTtxmTM〉

그림 4-13. 전력계통 안정화용 배터리의 이용

  〈http://ieeesa.tistory.com/category/Smart%20Grid/%EC%83%9D%ED%99%9C%20

  %EC%86%8D%20%EC%8A%A4%EB%A7%88%ED%8A%B8%20%EA%B7%B8%EB%

  A6%AC%EB%93%9C?page=4〉

그림 4-14. 스마트 그리드의 시스템 - 제주 스마트 그리드 실증단지

  〈http://smartgrid.jeju.go.kr/contents/index.php?mid=01&sso=ok〉

그림 4-15 스마트 그리드 핵심 구성요소

  〈http://www.insightofgscaltex.com/?p=44761〉

그림 4-16. 스마트 그리드의 기대효과 - 제주 스마트그리드 실증단지

  〈http://smartgrid.jeju.go.kr/contents/index.php?mid=0103&sso=ok〉

그림 4-17. 미래의 스마트 그리드 모습 - 스마트 그리드 산업단

  〈http://www.smartgrid.or.kr/09smart2-1.php〉

chapter 05. 신재생에너지 산업 정책동향

그림 5-1. 그린홈 개념도- 에너지관리공단

  〈http://www.wikitree.co.kr/opm/opm_news_view.php?id=122141&alid=157488&

   opm=koreaenergy〉

그림 5-2. 그린홈 100만호 사업 추진 체계 - 2012 신재생에너지 백서

  〈http://mke.fo.kr, http://energy.or.kr (지식경제부)(에너지관리공단)〉

그림 5-3. 단독주택 및 아파트 단지 설치모습 - 인터비타

  〈http://interbita.com/743〉

그림 5-4. 보급보조 사업 추진 절차 - 2012 신재생에너지 백서

  〈http://mke.fo.kr, http://energy.or.kr (지식경제부)(에너지관리공단)〉

그림 5-5 제주 행원 풍력발전단지 - 제주 에너지 공사

  〈http://www.jejuenergy.or.kr/index.php/contents/energy/facilities/facilities01〉

그림 5-6. 삼척 동굴박람회장 태양광발전 시설 - 한국관광공사

  〈http://kto.visitkorea.or.kr/kor.kto〉

그림 5-7. 진해시 에너지환경과학공원 태양열 시스템 - 2012 신재생에너지 백서
〈http://mke.fo.kr, http://energy.or.kr (지식경제부)(에너지관리공단)〉
그림 5-8. 6개 신재생에너지 테스트베드 사업 추진 체계 - 2012 신재생에너지 백서
〈http://mke.fo.kr, http://energy.or.kr (지식경제부)(에너지관리공단)〉

찾 아 보 기

알기 쉬운 신재생에너지

초판 1쇄 발행 | 2015년 2월 25일
초판 3쇄 발행 | 2023년 2월 15일

지은이 | 이 충 훈
펴낸이 | 조 승 식
펴낸곳 | (주)도서출판 북스힐

등 록 | 1998년 7월 28일 제22-457호
주 소 | 서울시 강북구 한천로 153길 17
전 화 | (02) 994-0071
팩 스 | (02) 994-0073

홈페이지 | www.bookshill.com
이메일 | bookshill@bookshill.com

정가 16,000원

ISBN 978-89-5526-940-6

Published by bookshill, Inc. Printed in Korea.
Copyright ⓒ bookshill, Inc. All rights reserved.
* 저작권법에 의해 보호를 받는 저작물이므로 무단 복제 및 무단 전재를 금합니다.
* 잘못된 책은 구입하신 서점에서 교환해 드립니다.